W0060193

INGO SEIDEL • CORYDORAS-FIBEL

Foto: H. Hristov

Dreilinienpanzerwelse
(*Corydoras trilineatus*).

Ingo Seidel

Corydoras-Fibel

Die beliebtesten Panzerwelse im Aquarium

Dähne Verlag

Fotonachweis:
Alle Fotos, außer den besonders gekennzeichneten, sind vom Autor.

Titelseite:
Corydoras panda.

Bibliografische Information der Deutschen Bibliothek

Die Deutsche Bibliothek verzeichnet diese Publikation in der Deutschen Nationalbibliografie; detaillierte bibliografische Daten sind im Internet über http://dnb.ddv.de abrufbar.

ISBN 978-3-935175-95-1
© 2014 Dähne Verlag GmbH, Postfach 10 02 50, 76256 Ettlingen
2. Auflage, 2020

Alle Rechte liegen beim Verlag. Das gesamte Werk ist urheberrechtlich geschützt. Jede Verwertung außerhalb der Grenzen des Urheberrechtsgesetzes ist ohne Zustimmung des Verlages unzulässig und strafbar. Das gilt insbesondere für Vervielfältigungen, Mikroverfilmungen, die Einspeicherung und Verarbeitung in elektronischen Systemen sowie für Übersetzungen.
Alle Angaben in diesem Buch sind sorgfältig geprüft und geben den neuesten Wissensstand wieder. Eine Garantie kann dennoch nicht übernommen werden. Eine Haftung des Verfassers oder des Verlages für Personen-, Sach- oder Vermögensschäden ist ausgeschlossen.

Druck: Beltz Grafische Betriebe GmbH
Printed in Germany

Inhalt

Einleitung

Rechts von oben:
Einer der
schönsten
Panzerwelse
ist der seltene
Schwanzfleck-
Prachtpanzerwels
(*Corydoras spec-
tabilis*).

**Parallelstreifen-
Panzerwels** (*Cory-
doras parallelus*)
aus Brasilien.

Links unten:
Der Riesenpanzer-
wels (*Corydoras
robustus*) – hier
ein Pärchen – ist
mit etwa elf Zen-
timetern Länge
einer der größten
Corydoras.

Viele Vertreter der Panzerwelse gehören aufgrund ihrer friedlichen Natur, ihrer geselligen und sehr interessanten Lebensweise und ihrer nützlichen Eigenschaften zu den beliebtesten Aquarienfischen. Etwa eine Handvoll von Arten findet man sogar unter den Top 100 der Verkäufe von Aquarienfischen.

In den mittlerweile mehr als 35 Jahren, in denen ich mit großer Begeisterung Aquaristik betreibe, habe ich unzählige Arten von Panzerwelsen gepflegt und viele davon auch vermehren können. Durch meine vielen Kontakte zu Züchtern in Deutschland und dem benachbarten Ausland hatte ich nicht nur die Möglichkeit, *Corydoras*-Arten zu tauschen, sondern auch zu lernen und meine Aquaristik zu verbessern. Einige Panzerwelse konnte ich sogar in ihren natürlichen Lebensräumen beobachten.

Die vielen guten Bücher für den Panzerwelsfreund sind meist sehr umfangreich und detailliert, weil dort auch viele nur von wenigen Spezialisten gepflegte Arten beschrieben werden müssen. Als Angestellter im Zierfischgroßhandel habe ich in den letzten Jahren einen recht guten Überblick bekommen, welche *Corydoras*-Arten am meisten gehandelt und gepflegt werden. Ich freue mich, dass mir diese Buchreihe des Dähne Verlages die Möglichkeit gibt, ein Panzerwelsbuch für Anfänger und etwas fortgeschrittene Aquarianer zu schreiben, in dem das komplexe Thema verständlich behandelt wird und die 30 beliebtesten Arten vorgestellt werden.

Meiner Frau Beatrix und meinem Freund Erik Schiller danke ich für die kritische Durchsicht des Manuskripts.

Ingo Seidel

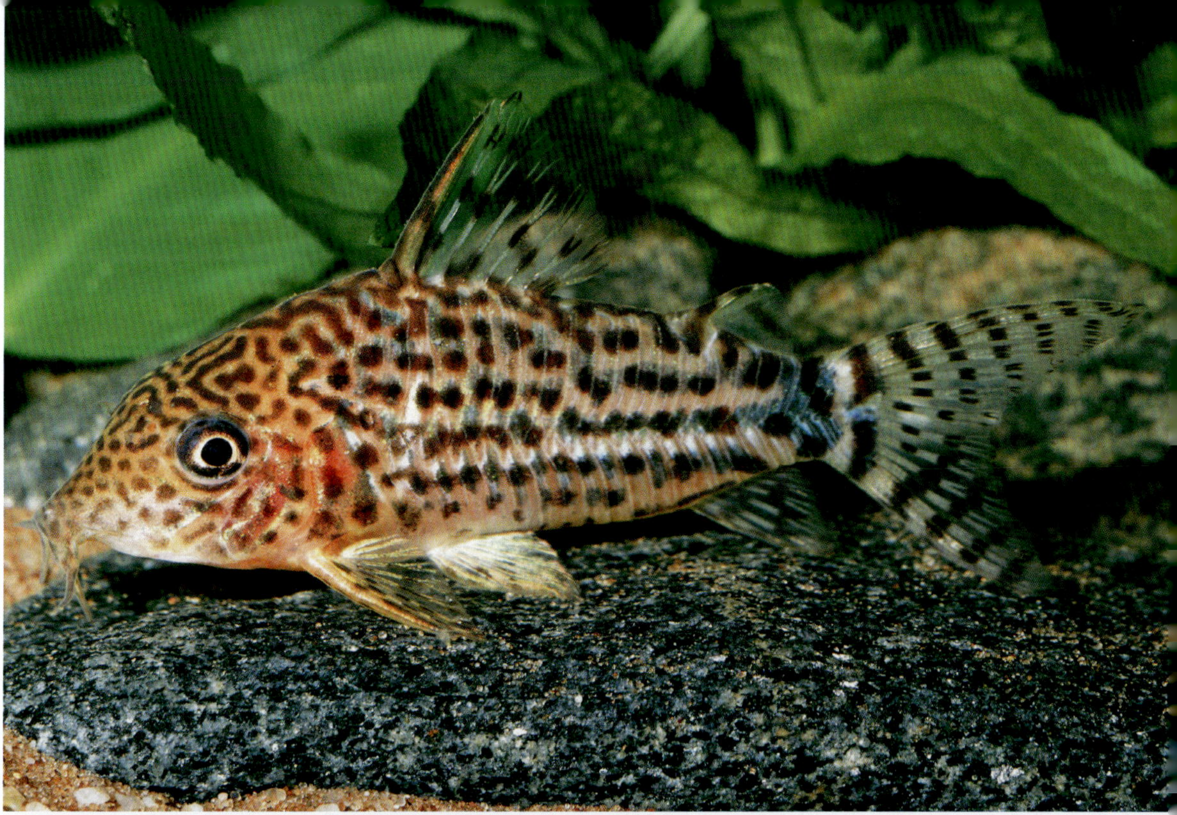

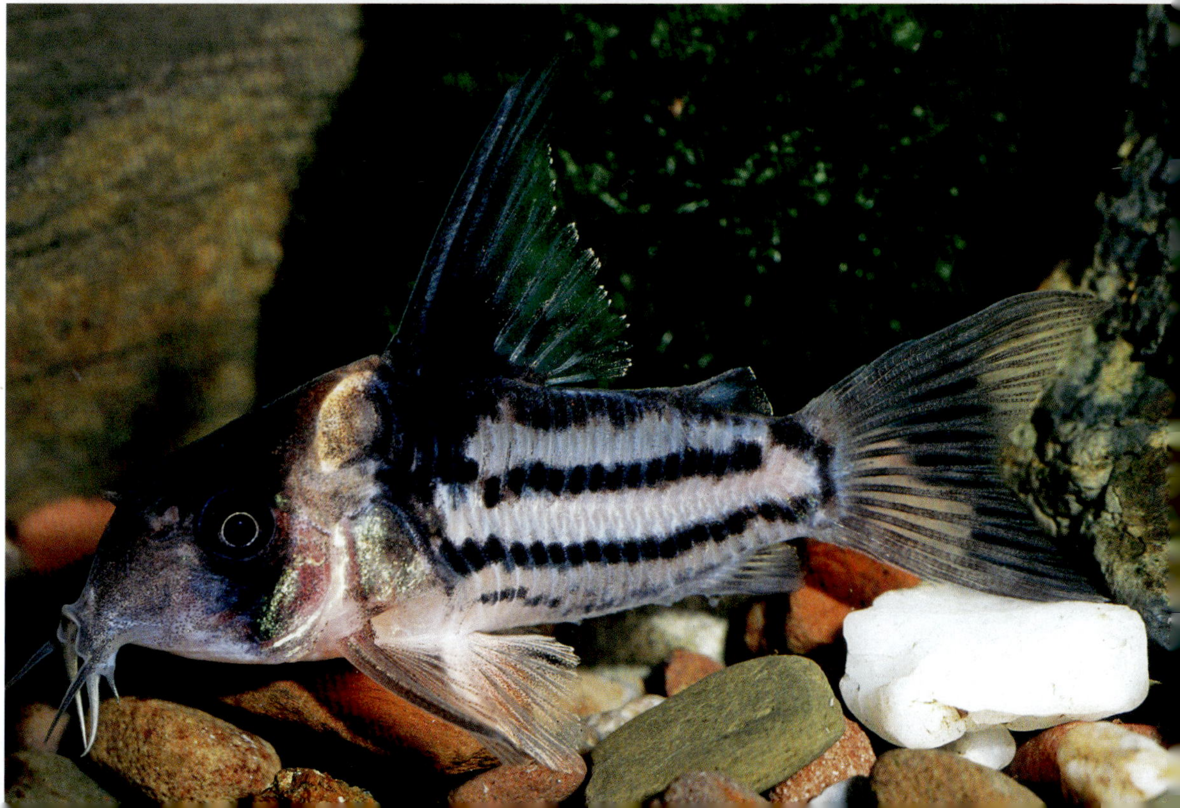

Die Gattung *Corydoras*

Panzerwelse sind mehr als nur Restevertilger, hier der hübsche Oiapoque-Panzerwels (*Corydoras oiapoquensis*).

Die Panzerwelse der Gattung *Corydoras* sind eine überaus artenreiche Gruppe recht klein bleibender und Boden bewohnender Welse, die in Südamerika beheimatet sind. Da es sich gewöhnlich um friedliche und sehr gesellige Allesfresser handelt, die den Boden unermüdlich nach Fressbarem durchwühlen, erlangten sie anfänglich als Restevertilger und „Staubsauger" große Popularität. Inzwischen werden sie aber schon lange nicht mehr nur wegen dieser nützlichen Eigenschaften in Gesellschaftsaquarien gehalten. Panzerwelse haben heute eine große Fangemeinde und viele Aquarianer pflegen begeistert eine ganze Reihe von Arten und vermehren diese interessanten Welse sogar.

Merkmale der *Corydoras*

Ihren Trivialnamen verdanken die Panzerwelse der dichten Panzerung aus Knochenplatten, die sie sehr gut vor Fressfeinden schützt. Die Knochenplatten sind auf den Körperseiten in einer Doppelreihe, von vorne nach hinten überlappend, dachziegelartig angeordnet. Allein die Körperform weist sie schon als Bodenbewohner aus, denn sie besitzen eine gerade verlaufende Bauchpartie und eine meist kräftig gebogene Rückenpartie. Der Kopf der *Corydoras* ist seitlich stark zusammengedrückt. Das unterständige Maul ist an der Schnauzenspitze angeordnet und mit sechs oder acht Barteln bestückt, mit denen sie das Futter auf oder im Boden aufspüren. Die Barteln spielen jedoch auch bei der Fortpflanzung eine große Rolle und dienen dem sozialen Austausch der Welse.

Panzerwelse besitzen zwei kräftige Brustflossen, die von einem spitzen und wehrhaften Stachel gestützt sind. Auch die Rückenflosse, die sechs bis neun Weichstrahlen besitzt, stützt ein spitzer Stachel. Eine separate kleine Fettflosse ist bei allen Arten vorhanden. Die Augen sind sehr beweglich. Wenn man die Tiere genauer betrachtet, kann man feststellen, dass sie ihre Umgebung, auch wenn sie still auf dem Boden sitzen, durch Bewegung der Augen genau beobachten.

Die kleinsten *Corydoras* erreichen eine Maximallänge (Totallänge) von nur 2,5 cm, die größten sind bis zu 11 cm lang. Die Färbung der verschiedenen *Corydoras*-Arten ist überaus variabel. Viele Arten haben, in Anpassung an ein Leben auf Sandboden, eine hellgrau-braune Grundfärbung. Darüber hinaus zeigen die meisten Arten eine dunkle Querbinde, die durch das Auge verläuft und schwarze Punkte, Flecken oder Linien. Einige sind sogar recht farbig und besitzen beispielsweise gelbe oder orangerote Partien. Die Weißwasserarten zeigen häufig einen metallisch grünen Glanz auf dem Körper.

Die meisten Panzerwelse besitzen drei Paare Barteln, hier der Dreilinienpanzerwels (*Corydoras trilineatus*).

9

Systematik der Gattung

Corydoras ist eine von vier Gattungen der Unterfamilie der Panzerwelse (Corydoradinae) aus der Familie der Panzer- und Schwielenwelse (Callichthyidae). Als Typusart gilt heute die Art *Corydoras geoffroy*, die allerdings aquaristisch nicht bekannt ist. Von den Schwielenwelsen der Unterfamilie Callichthyinae, zu denen die Gattungen *Callichthys*, *Dianema*, *Hoplosternum*, *Lepthoplosternum* und *Megalechis* zählen, unterscheiden sich die Panzerwelse durch das Fehlen einer Reihe von Knochenplatten zwischen der Rücken- und Fettflosse sowie eine zumeist geringere Größe. Die Schwielenwelse betreiben im Gegensatz zu den Panzerwelsen Brutpflege und zeigen dabei sogar ein unter den Welsen einzigartiges Verhalten: Die Männchen betreuen das Gelege und schützen es wie einige Labyrinthfische durch ein Schaumnest.

Die Schwestergattungen der *Corydoras* sind *Aspidoras*, *Brochis* und *Scleromystax*. Die recht kleinen Schmerlenpanzerwelse der Gattung *Aspidoras* zeichnen sich durch eine schlanke Gestalt und zumeist schlichte Färbung aus. Sie lieben stark strömendes Wasser und bewegen sich darin zumeist wie Grundeln hüpfend über den Boden. Die *Aspidoras* werden von den *Corydoras* vor allem durch knochenbauliche Merkmale unterschieden. Die Smaragdpanzerwelse der Gattung *Brochis* sind die größten bekannten Panzerwelse und besitzen einen auffälligen, grünlich-metallischen Glanz. Manche *Brochis* sollen bis zu 20 cm Länge erreichen können. Sie sind an ihrer riesigen Rückenflosse, die von 10 bis 18 Weichstrahlen gestützt wird, leicht zu identifizieren. Die bereits 1864 beschriebene Panzerwelsgattung *Scleromystax* wurde erst 2003 wieder als gültig anerkannt und beinhaltet nun die Vertreter der ehemaligen *Corydoras-barbatus*-Gruppe. Die *Scleromystax* sind im männlichen Geschlecht an den stark verlängerten Brustflossen sowie einem charakteristischen Backenbart zu erkennen, den die in der Regel weniger farbigen Weibchen nicht besitzen. Die Panzer- und Schwielenwelse gehören der Unterordnung Loricarioidei an und sind damit nah mit den Harnischwelsen der Familie Loricariidae verwandt.

Der Gemalte Schwielenwels (*Megalechis thoracata*) gehört ebenfalls zur Familie der Panzer- und Schwielenwelse.

Aspidoras depinnai ist ein selten gepflegter Schmerlenpanzerwels.

Der beliebte Smaragdpanzerwels (*Brochis splendens*).

Beim Schabrackenpanzerwels (*Scleromystax barbatus*) tragen die Männchen einen Backenbart.

11

Corydoras punctatus wurde bereits im Jahre 1794 wissenschaftlich beschrieben.

Wie viele Arten gibt es?

Rechts von oben:
Einer der zahlreichen Panzerwelse mit einer C-Nummer ist C65, der mittlerweise als *Corydoras eversi* beschrieben wurde.

Neben den C-Nummern gibt es auch das System der CW-Nummern, dies ist CW051.

Etwa 173 *Corydoras*-Arten gelten derzeit als wissenschaftlich beschrieben. Darüber hinaus gibt es jedoch noch unzählige weitere Arten, die aquaristisch bekannt sind oder in Flüssen in Südamerika entdeckt wurden.

Um für die neuen und zumeist noch unbeschriebenen Panzerwelse eindeutige Bezeichnungen verwenden zu können, wurde Ende 1993 durch die Aquarienzeitschrift DATZ das Codenummernsystem der C-Nummern eingeführt. Das „C" steht dabei für die Familie der Panzerwelse (Callichthyidae). Bislang wurde eine solche Codenummer an etwa 160 Panzerwelse (zumeist *Corydoras*-Arten) vergeben. Darüber hinaus führte der englische Panzerwels-Spezialist Ian Ful-

ler vor einigen Jahren das System der CW-Nummern ein. Diese veröffentlicht er auf seiner Homepage „Corydoras World". Bislang hat er etwa 145 solcher CW-Welse beschrieben.

Dass die tatsächliche Anzahl an Arten noch deutlich höher ist als diese nun eindeutig bezeichneten ca. 475 *Corydoras*-Formen, zeigt allein die Tatsache, dass in der jüngsten veröffentlichten Untersuchung der Verwandtschaftsverhältnisse der Gattung *Corydoras* durch Alexandrou u. a. insgesamt 435 Panzerwels-Arten (*Aspidoras*, *Brochis*, *Corydoras* und *Scleromystax*) verglichen wurden. Nach meiner Einschätzung dürften also in der Natur mindestens 450 bis 500 verschiedene *Corydoras*-Arten existieren.

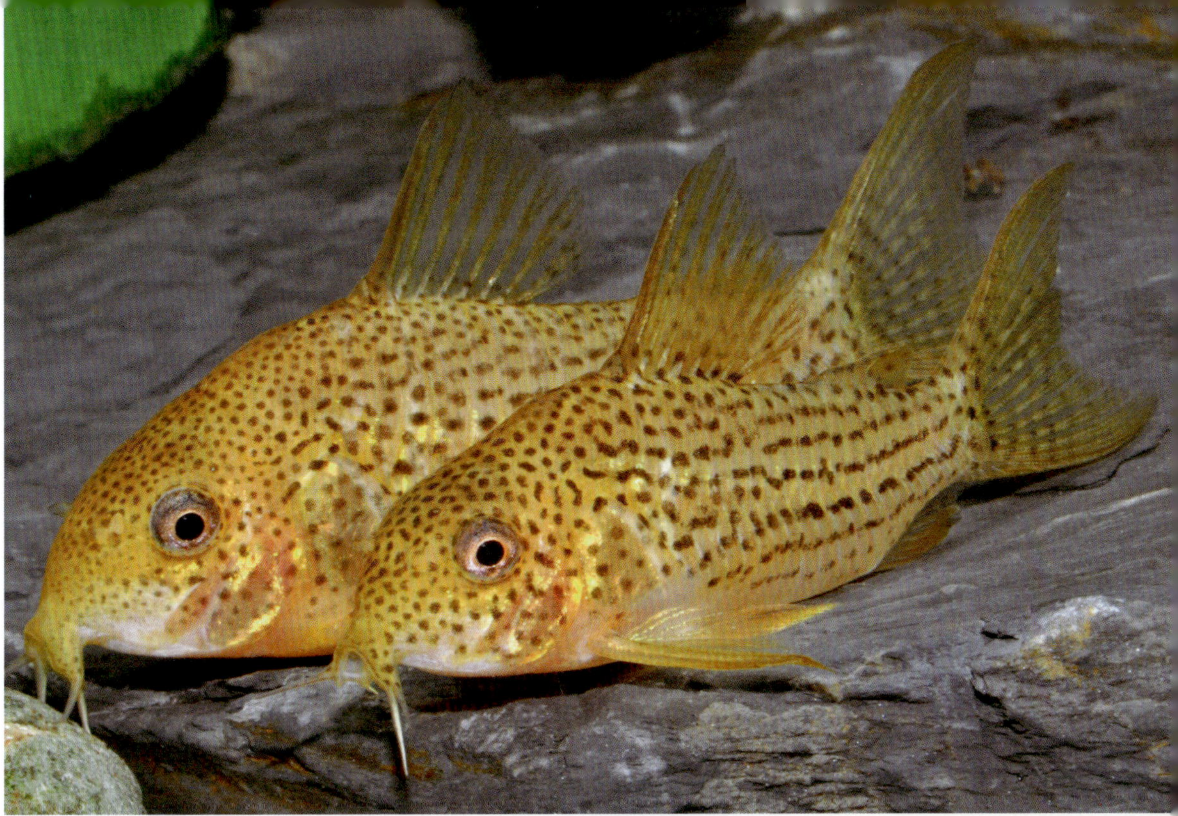

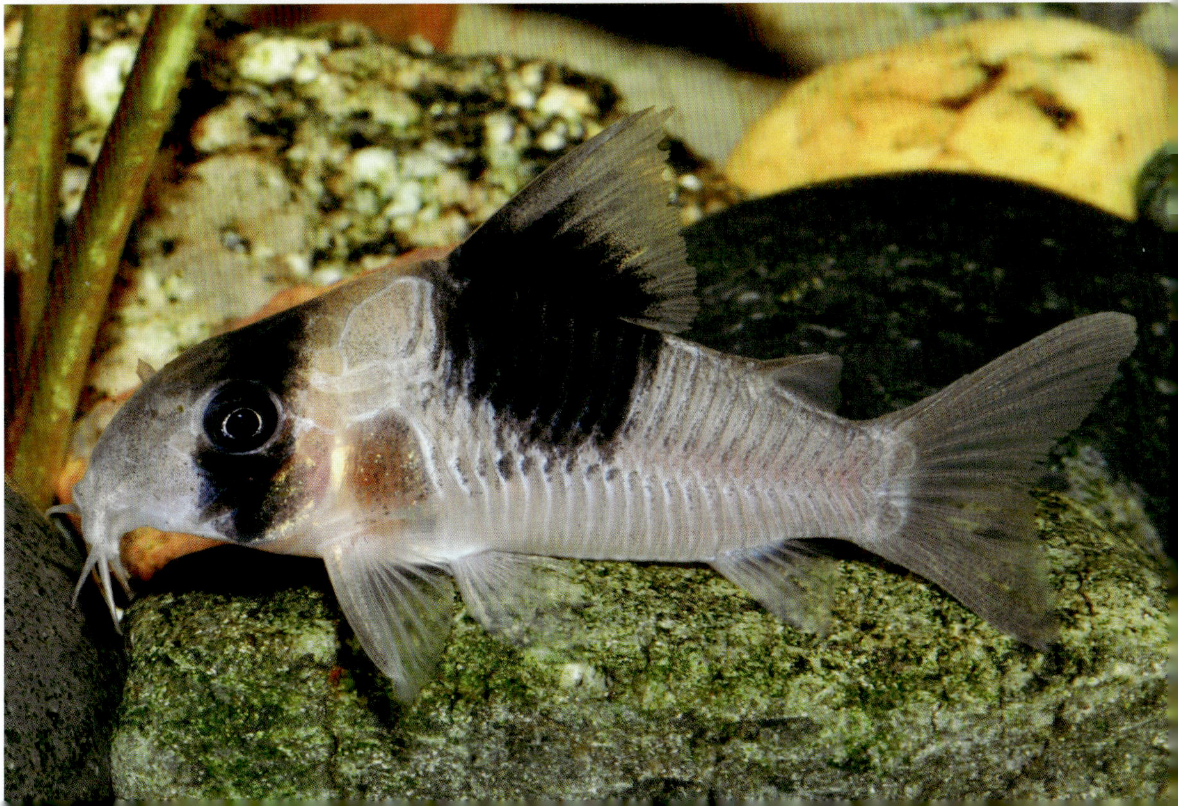

Rund-, Spitz- und Sattelschnäuzer

1 Der Dreilinienpanzerwels (*Corydoras trilineatus*) besitzt ein rundes Schnauzenprofil.

2 Ein sattelschnäuziger Panzerwels: der Tigerpanzerwels (*Corydoras pastazensis*).

3 Adolfos Panzerwels (*Corydoras adolfoi*) lebt im Oberlauf des Rio Negro gemeinsam mit ...

4 ... dem sehr langschnäuzigen Imitator-Panzerwels (*Corydoras imitator*) und ...

5 ... dem extrem kurzschnäuzigen Nijssens Panzerwels (*Corydoras nijsseni*).

6 Der Pfefferpanzerwels (*Corydoras diphyes*) besitzt ein ungewöhnlich gebogenes Kopfprofil.

Betrachtet man die verschiedenen *Corydoras*-Arten näher, so fallen unweigerlich die großen Unterschiede in der Länge der Schnauze und der Körperform auf. Fischkundler haben deshalb bereits recht früh damit begonnen, verschiedene Gruppen bei den *Corydoras* zu unterscheiden. So spricht man unter anderem schon sehr lange von der extrem kurzschnäuzigen *Corydoras-elegans*-Gruppe sowie von der Gruppe der lang- und sattelschnäuzigen Arten, die als *Corydoras-acutus*-Gruppe bezeichnet wird. Neueste umfassende Untersuchungen der Morphologie und des Erbguts der Panzerwelse durch Alexandrou und weitere Wissenschaftler haben ergeben, dass diese Gruppen sogar als eigene Gattungen geführt werden sollten. Neun verschiedene Abstammungslinien werden bei den Panzerwelsen unterschieden, die in der Zukunft sicherlich eigene Gattungen darstellen werden die in Zukunft sicherlich eigene Gattungen darstellen werden. Leider kann ich an dieser Stelle nicht genauer auf dieses interessante Thema eingehen. Ich möchte hierzu auf einen in den Literaturempfehlungen aufgeführten Beitrag von mir verweisen, den ich an anderer Stelle veröffentlicht habe.

In ihren Lebensräumen kommen vielfach Panzerwelse aus den verschiedenen Gruppen gemeinsam vor und sind dabei häufig sogar zum Verwechseln ähnlich gefärbt. Ein gutes Beispiel für eine solche Lebensgemeinschaft sind der Orangeflossenpanzerwels, *Corydoras sterbai*, der im Rio Guaporé gemeinsam mit dem ähnlichen aber spitzschnäuzigeren Prachtpanzerwels, *Corydoras haraldschultzi*, vorkommt. Vielfach gibt es sogar gleich ein Trio zum Verwechseln ähnlicher Arten, so z.B. im Oberlauf des Rio Negro, wo *Corydoras adolfoi* (rundschnäuzig), *Corydoras nijsseni* (extrem kurzschnäuzig) und *Corydoras imitator* (langschnäuzig) zusammen leben. Die Tiere ahmen einander vermutlich nach, um gemeinsam größere Verbände bilden zu können, die ihnen einen besseren Schutz bieten. Sie stellen in ihren Lebensräumen jedoch keine Konkurrenz dar, da sie unterschiedliche ökologische Nischen besetzen und zum Beispiel andere Futterquellen nutzen.

Die wichtigsten Arten

Corydoras trilineatus.

Corydoras agassizii.

Corydoras adolfoi
Adolfos Panzerwels

Corydoras adolfoi ist mit seinem leuchtend orange gefärbten Rückenfleck und einem kräftig schwarzen Rücken sicherlich einer der attraktivsten Panzerwelse. Leider ist die Art deshalb im Vergleich zu den meisten anderen hier vorgestellten *Corydoras* auch recht kostspielig. Sie ist in kleineren Schwarzwasserzuflüssen des oberen Rio Negro ganz im Norden Brasiliens heimisch, die sehr weiches und saures Wasser führen.

Adolfos Panzerwels zählt dennoch nicht zu den Problemfischen, sondern ist im Gegenteil ein recht anpassungsfähiger Panzerwels. In der Regel gelingt in leicht alkalischem und nicht zu hartem Leitungswasser sogar die Fortpflanzung. Allerdings entwickeln sich die Eier unter diesen Bedingungen nur schlecht.

Häufig wird er mit dem Orangefleckpanzerwels, *Corydoras duplicareus*, verwechselt, der jedoch ein dickeres Rückenband besitzt. Mit C 121 gibt es noch eine dritte ähnliche Art, die ein sehr dünnes Rückenband und eine schwarze Rückenflosse zeigt.

Verbreitung:
Brasilien, oberes Rio-Negro-Becken, Rio Miuá

Größe:
5,5 – 6 cm

Aquarium:
80 cm

Wasser:
pH 4,5 – 7
weich bis mittelhart

Temperatur:
23 – 27 °C

Zucht:
für Fortgeschrittene geeignet

Corydoras adolfoi, Männchen.

17

Corydoras aeneus
Metallpanzerwels

Verbreitung:
Trinidad, Venezuela, Kolumbien, Guyana, Surinam, Französisch-Guyana, Ecuador, Peru, Brasilien, Bolivien, Paraguay, Argentinien

Größe:
6 – 7 cm

Aquarium:
80 cm

Wasser:
pH 6 – 8
weich bis hart

Temperatur:
20 – 27 °C

Zucht:
für Anfänger
geeignet

Der Metallpanzerwels ist nach dem Marmorpanzerwels die am häufigsten im Aquarium gepflegte Panzerwelsart. Dieser ideale Anfängerfisch wird schon seit unzähligen Generationen im Aquarium vermehrt, so dass heute nahezu ausschließlich Nachzuchttiere im Zoofachhandel angeboten werden. Die Nachzuchten stammen zumeist aus Südostasien, wo diese Tiere in großer Anzahl in Zuchtfarmen vermehrt werden. Da Wildfangtiere sehr viel kostspieliger sind, finden solche Importe so gut wie nicht mehr statt.

Corydoras aeneus wird ein riesiges Verbreitungsgebiet zugeschrieben, das sich vom äußersten Norden Südamerikas von Trinidad und Venezuela bis hinunter in den Süden nach Argentinien erstreckt. Und so bewohnen in den meisten südamerikanischen Ländern Metallpanzerwelse vor allem Gewässer vom Weißwassertyp. Bei genauerer Betrachtung sind jedoch so große Unterschiede in diesen Fundortvarianten festzustellen, dass sogar die Unterscheidung verschiedener Arten gerechtfertigt wäre. Vergleicht man die lange etablierten Aquarienstämme mit der Stammform von *Corydoras aeneus*, die von der Insel Trinidad stammt, so wird dies besonders deutlich. Auch *Corydoras schultzei* (S. 46), der Goldstreifenpanzerwels, wird von den Fischkundlern eigentlich als Synonym zu *Corydoras aeneus* betrachtet. Die sehr populäre albinotische Variante des Metallpanzerwelses ist auch eine Zuchtform von *Corydoras schultzei* und wird deshalb dort beschrieben. Von *Corydoras aeneus* existiert jedoch eine Zuchtform mit verlängerten Flossen, die vermutlich in Osteuropa entstanden ist.

Die Pflege und Nachzucht dieser Panzerwelse ist selbst in härterem Leitungswasser problemlos möglich, sie passen sich nahezu jeder Bedingung an.

Stammform von *Corydoras aeneus* von der Insel Trinidad.

Langflossige Zuchtform des Metallpanzer-welses.

Wildfangexemplar aus dem Pantanal in Brasilien.

Der venezolani-sche Metallpan-zerwels ist hübsch rotbraun gefärbt.

Wildfang von *Corydoras aeneus* aus Paraguay.

19

Corydoras agassizii
Silberstreifenpanzerwels

Dieser Panzerwels gelangt saisonal in großer Anzahl und preiswert als Wildfang zu uns. Deshalb gehört er auch zu den häufig gehandelten Arten. Zumeist stammen die Importe aus Brasilien, wo diese Welse in großen Weißwasserflüssen leben. Die Nachzucht ist ausgesprochen schwierig.

Der Silberstreifenpanzerwels ist mit einer Maximallänge von sieben Zentimetern ein recht groß werdender *Corydoras* und benötigt deshalb etwas mehr Schwimmraum als die meisten anderen Arten, ist aber recht anspruchslos und deshalb auch für den Anfänger sehr zu empfehlen.

Verbreitung:
Brasilien und Peru, mittleres und oberes Amazonasbecken

Größe:
6,5 – 7 cm

Aquarium:
100 cm

Wasser:
pH 6 – 8
weich bis mittelhart

Temperatur:
23 – 29 °C

Zucht:
nur für Profis geeignet

Corydoras ambiacus
Ampiyacu-Panzerwels

Der Ampiyacu-Panzerwels wird recht häufig aus Peru zu uns eingeführt. Bei den Importen handelt es sich ausschließlich um Wildfänge. Denn auch diese *Corydoras* sind Bewohner der großen Weißwasserflüsse mit saisonal stark schwankenden Umweltbedingungen und deshalb nur sehr schwierig zu vermehren.

Corydoras ambiacus ist mit seinem metallischen Glanz über dem schwarzen Fleckenmuster ein sehr hübscher und dazu noch preiswerter Panzerwels.

Die Art ist recht genügsam und problemlos im Leitungswasser zu pflegen, ein idealer Fisch für das Gesellschaftsaquarium.

Verbreitung:
Peru und Ecuador, Río Ampiyacu und andere Flüsse im oberen Amazonasbecken

Größe:
6 – 6,5 cm

Aquarium:
80 cm

Wasser:
pH 6 – 8
weich bis mittelhart

Temperatur:
23 – 28 °C

Zucht:
nur für Profis geeignet

Corydoras granti
Stromlinienpanzerwels

Verbreitung:
Peru, Ecuador, Kolumbien, Brasilien und oberes Amazonasbecken

Größe:
5,5 – 6 cm

Aquarium:
80 cm

Wasser:
pH 6 – 8
weich bis mittelhart

Temperatur:
23 – 28°C

Zucht:
nur für Profis geeignet

Der Stromlinienpanzerwels trägt neben seiner Augenbinde, in geringem Abstand zum Rücken, die namensgebende schwarze Linie auf beiden Seiten des Körpers, was ihm ein sehr charakteristisches Aussehen verleiht. Allerdings besitzt diese Art mit dem Narziß-Panzerwels, *Corydoras narcissus*, einen mancherorts gemeinsam mit ihr vorkommenden, deutlich spitzschnäuzigeren Doppelgänger.

Neben der maximal nur etwa 6 cm groß werdenden Art aus Peru, die den meisten Aquarianern noch unter dem Namen *Corydoras arcuatus* bekannt ist, wird gelegentlich aus dem Rio Purus in Brasilien ein zum Verwechseln ähnlicher, sogenannter „Super *arcuatus*" importiert, der der echte C. *arcuatus* oder CW036 ist und deutlich größer wird (10-11 cm). Auch im Flusssystem des oberen Rio Negro in Brasilien existieren Stromlinienpanzerwelse, die aber eine etwas flachere Körperform besitzen.

Sie sind langlebige und unproblematische Pfleglinge. Obwohl es sich um einen häufig gepflegten Panzerwels handelt, ist die Nachzucht offensichtlich sehr schwierig und bislang erst wenigen Aquarianern gelungen.

Stromlinienpanzerwels (*Corydoras granti*) aus Peru.

Der riesige CW036 aus dem Rio Purus in Brasilien ist nach neueren Erkenntnissen der echte *Corydoras arcuatus*.

Stromlinienpanzerwels aus dem oberen Rio Negro in Brasilien.

Corydoras atropersonatus
Weißer Panzerwels

Verbreitung:
Brasilien, Peru,
oberes Amazonas-
becken

Größe:
4,5 – 5 cm

Aquarium:
60 cm

Wasser:
pH 6 – 8
weich bis mittelhart

Temperatur:
23 – 28 °C

Zucht:
für Fortgeschrittene
geeignet

Charakteristisch für diesen Panzerwels sind vereinzelte dunkle Flecken auf einem fast weißen Untergrund, eine Färbung, die ansonsten nur noch vom etwas größeren und spitzschnäuzigen *Corydoras sychri* bekannt ist, mit dem die Art gemeinsam vorkommt. Der sich vom Untergrund stark abhebenden schwarzen Augenbinde hat dieser Panzerwels seinen wissenschaftlichen Namen zu verdanken, denn „atroper sonatus" bedeutet „schwarz maskiert".

Seine Heimat sind Flüsse im oberen Amazonasgebiet wie der Río Nanay und der Río Ampiyacu. Dieser mittelgroße Panzerwels ist einfach zu pflegen und konnte sogar bereits einige Male im Aquarium vermehrt werden.

Corydoras axelrodi
Axelrods Panzerwels

Dieser Panzerwels wurde nach dem bekannten amerikanischen Fisch-Experten Herbert R. Axelrod benannt. Er ist im Orinoco-Becken in Kolumbien heimisch, aus dem noch einige weitere ähnliche *Corydoras* bekannt sind. Bei den bei uns im Handel erhältlichen Tieren handelt es sich fast ausschließlich um Importe, die zuweilen auch unter der Fantasiebezeichnung *Corydoras* „Deckeri" angeboten werden.

Neben dem echten *Corydoras axelrodi* wird auch noch eine ähnliche, aber unbeschriebene Art mit der Codenummer CW021 als Axelrods Panzerwels importiert und gehandelt. Diese lässt sich durch die schwarze Rückenflosse von *C. axelrodi* unterscheiden. Und auch der seltene *Corydoras* sp. (C3) wird zuweilen unter diesem Namen angeboten, unterscheidet sich in der Zeichnung aber deutlicher.

Axelrods Panzerwels kann aufgrund seiner Größe und der ruhigen Natur auch in kleineren Aquarien gepflegt werden. Für fortgeschrittene Aquarianer ist die Art sogar nicht schwer zu vermehren.

Verbreitung:
Kolumbien,
Río Meta

Größe:
4,5 – 5 cm

Aquarium:
60 cm

Wasser:
pH 6 – 8
weich bis mittelhart

Temperatur:
23 – 28 °C

Zucht:
für Fortgeschrittene
geeignet

Fälschlig wird der Panzerwels CW021 oft als Axelrods Panzerwels angeboten.

Corydoras davidsandsi
Sands Panzerwels

Verbreitung:
Brasilien, Rio Unini
im Rio-Negro-Becken

Größe:
5,5 – 6 cm

Aquarium:
80 cm

Wasser:
pH 5 – 7,5
weich bis mittelhart

Temperatur:
23 – 27 °C

Zucht:
für Fortgeschrittene
geeignet

David D. Sands, zu dessen Ehren diese Art benannt wurde, ist ein englischer Panzerwelsliebhaber, der selbst auch einige *Corydoras*-Arten beschrieben hat. Die Art wird zuweilen mit dem Kopfbinden-Panzerwels verwechselt, besitzt jedoch eine länger gestreckte Körperform.

Sands Panzerwels ist zwar in einem Zufluss des Rio Negro in Brasilien heimisch, der weiches und saures Wasser führt, dies bedeutet jedoch nicht, dass diese Fische nicht auch in Leitungswasser gepflegt werden können. Wenn es nicht zu hart ist, lassen sie sich darin sogar recht einfach vermehren. Bei mir war *C. davidsandsi* die erste Panzerwelsart, die ich vor vielen Jahren zur Nachzucht gebracht habe.

Corydoras delphax
Inirida-Panzerwels

Seinen deutschen Namen hat dieser Panzerwels dem Umstand zu verdanken, dass er aus dem Río Inirida beschrieben wurde.

Die Art soll jedoch in Kolumbien noch weiter verbreitet sein und ist deshalb auch etwas variabel in der Färbung.

Es gibt aber auch noch eine ganze Reihe ähnlicher Arten in anderen südamerikanischen Ländern. *Corydoras delphax* ist eine einfach zu pflegende, aber recht groß werdende Art, die dem entsprechend auch ausreichend Platz in einem Aquarium benötigt.

Die Vermehrung dieser relativ spitzschnäuzigen Art ist in der Vergangenheit erst wenigen Aquarianern gelungen.

Verbreitung:
Kolumbien,
Orinoco-Becken

Größe:
6 – 7 cm

Aquarium:
80 – 100 cm

Wasser:
pH 6 – 8
weich bis mittelhart

Temperatur:
23 – 28 °C

Zucht:
nur für Profis
geeignet

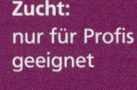

27

Corydoras duplicareus
Orangefleckpanzerwels

Verbreitung:
Brasilien, oberes
Rio-Negro-Becken,
Rio Poranga

Größe:
5 – 5,5 cm

Aquarium:
60 – 80 cm

Wasser:
pH 4,5 – 7
weich bis mittelhart

Temperatur:
23 – 27 °C

Zucht:
für Fortgeschrittene
geeignet

Bis zu seiner Beschreibung als eigenständige Art im Jahr 1994 wurde dieser Panzerwels als Variante von *Corydoras adolfoi* betrachtet, dem er mit seinem orangefarbenen Nackenfleck und einer ähnlichen schwarzen Zeichnung auch ausgesprochen ähnlich sieht.

Der Orangefleckpanzerwels besitzt jedoch einen höheren und kompakteren Körperbau und ist vor allem anhand des breiteren schwarzen Rückenbandes gut von Adolfos

Panzerwels zu unterscheiden. *Corydoras duplicareus* ist wie *Corydoras adolfoi* ebenfalls ein Schwarzwasserfisch und ist wie dieser ähnlich anpassungsfähig.

Auch bei dieser Art ist für eine erfolgreiche Entwicklung der Eier weiches und saures Wasser nötig. *Corydoras duplicareus* legt nur vergleichsweise wenige, dafür aber sehr große Eier ab. Die Nachzucht ist für fortgeschrittene Aquarianer kein Problem.

Corydoras elegans
Schraffierter Panzerwels

Wenn wir von *Corydoras elegans* sprechen, so haben wir es, ähnlich wie bei *Corydoras aeneus*, gleich mit einer ganzen Gruppe von Panzerwelsen zu tun, die im Allgemeinen unabhängig ihrer Herkunft und ihres Aussehens als diese Art angesprochen werden. Die Art wurde aus dem Amazonas bei Tefé in Brasilien beschrieben. Am häufigsten findet man jedoch verschiedene Varianten sogenannter *Corydoras elegans* aus Peru oder aus dem Rio Javari und Rio Purus in Brasilien im Handel. In ihren Ansprüchen sind diese Varianten durchaus miteinander vergleichbar. Diese amazonischen Panzerwelse vertragen recht hohe Wassertemperaturen und fühlen sich auch in Leitungswasser sehr wohl.

Besonders bemerkenswert für *Corydoras elegans*, seine Varianten und nahen Verwandten ist ein deutlicher farblicher Unterschied zwischen den Geschlechtern. Die

Verbreitung:
Brasilien, Ecuador, Kolumbien, Peru, mittleres und oberes Amazonasbecken

Größe:
4,5 – 5,5 cm

Aquarium:
60 cm

Wasser:
pH 6 – 8
weich bis mittelhart

Temperatur:
23 – 28 °C

Zucht:
für Fortgeschrittene geeignet

Ein sogenannter *Corydoras elegans* aus dem Rio Purus in Brasilien.

Ein weiterer
sogenannter *Cory-
doras elegans* aus
Kolumbien (Form
pestai)

etwas kleineren Männchen sind
zumeist attraktiver gefärbt, den
Weibchen fehlt vielfach auch eine
Färbung der Rückenflosse.

Einige Varianten des Schraffierten Panzerwelses sind bereits im
Aquarium vermehrt worden. Diese *Corydoras* können sehr produktiv sein, haben jedoch recht kleine
Eier und Jungfische.

Der echte *Corydoras* cochui aus
Brasilien ist deutlich schlichter gefärbt und konnte bislang erst wenige Male zu uns eingeführt werden. Sie wird nur von einigen Spezialisten gepflegt.

Männchen des
Schraffierten
Panzerwelses aus
Peru.

Rechts von oben:
Die Weibchen von *Corydoras elegans* aus Peru sind deutlich farbloser.

Schraffierter Panzerwels aus dem Rio Javari in Brasilien.

31

Corydoras habrosus
Schachbrett-Zwergpanzerwels

Verbreitung:
Kolumbien,
Venezuela,
Orinoco-Becken

Größe:
3 – 3,5 cm

Aquarium:
60 cm

Wasser:
pH 6 – 8
weich bis mittelhart

Temperatur:
23 – 27 °C

Zucht:
für Anfänger
geeignet

Der Schachbrett-Zwergpanzerwels ist aufgrund seiner geringen Größe und ruhigen Natur ein idealer Panzerwels auch für kleinere Aquarien. Diese, auch Anfängern zu empfehlende Art wird heutzutage recht häufig und in großer Anzahl aus Kolumbien importiert. Obwohl diese Fische recht einfach im Aquarium zu vermehren sind, findet man fast ausschließlich Wildfangtiere im Handel.

Die etwas kleineren und zierlicheren Männchen haben zumeist eine breitere schwarze Körperzeichnung. Früher wurde *Corydoras habrosus* in Handel und Literatur oft fälschlich als *Corydoras cochui* bezeichnet. Der echte *Corydoras cochui* aus Brasilien ist deutlich schlichter gefärbt und konnte bislang erst wenige Male eingeführt werden. Er wird nur von einigen Spezialisten gepflegt.

Corydoras hastatus
Sichelfleck-Zwergpanzerwels

Gemeinsam mit *Corydoras pygmaeus* ist der Sichelfleck-Zwergpanzerwels (*Corydoras hastatus*) die kleinste bekannte *Corydoras*-Art. Deshalb ist er auch am besten für eine Pflege in sogenannten Nanoaquarien geeignet. Die Art besitzt ein sehr ausgeprägtes Schwarmverhalten und hält sich zumeist im freien Wasser auf. Deshalb werden diese Fische oft mit Salmlern verwechselt, mit denen sie in der Natur auch in großen Verbänden schwimmen.

Im Vergleich zu anderen Panzerwelsen ist *Corydoras hastatus* leider recht kurzlebig. In dicht bepflanzten, gut eingelaufenen Artaquarien lassen sich diese Zwergpanzerwelse jedoch recht leicht im Daueransatz vermehren. Dies empfiehlt sich ohnehin, da die Weibchen über mehrere Tage nur wenige sehr kleine Eier ablegen. Man sollte jedoch darauf achten, dass die Wassertemperatur bei der Pflege nicht zu hoch ist.

Verbreitung:
Brasilien, Paraguay, Mato Grosso, Río Paraguay

Größe:
2,5 – 3 cm

Aquarium:
60 cm

Wasser:
pH 6 – 8
weich bis mittelhart

Temperatur:
20 – 26 °C

Zucht:
für Anfänger geeignet

Corydoras julii
Juli-Panzerwels

Verbreitung:
Brasilien, Küsten-
flusssysteme wie
der Rio Parnaiba

Größe:
5 – 5,5 cm

Aquarium:
60 cm

Wasser:
pH 6 – 8
weich bis mittelhart

Temperatur:
23 – 29 °C

Zucht:
für Fortgeschrittene
geeignet

Der Juli-Panzerwels aus dem nordöstlichen Brasilien ist eine der bekanntesten und beliebtesten *Corydoras*-Arten. Der Ruhm geht jedoch vor allem auf eine Verwechslung mit *Corydoras trilineatus* aus Peru zurück, der oft als *Corydoras julii* angesprochen wird. Dabei sind beide Arten recht gut zu unterscheiden. Echte Juli-Panzerwelse zeigen vor allem im Kopfbereich Punkte anstelle von kurzen Linien und haben einen mehr gestreckten Körperbau.

Corydoras julii ist ähnlich anspruchslos wie *Corydoras trilineatus*, wird aber nur selten von Aquarianern vermehrt. Deshalb gelangen auch nur Wildfangexemplare saisonal in den Handel.

Corydoras kanei

Rio-Branco-Panzerwels

Bei diesem nur saisonal importierten Panzerwels handelt es sich um eine Art, die leider zumeist beim falschen Namen genannt wird. Von den brasilianischen Exporteuren wird sie als *Corydoras atropersonatus* angeboten, und dieser Name wird dann auch häufig übernommen. Früher war auch der Name *Corydoras wotroi* für den Rio-Branco-Panzerwels

geläufig. Auch unter den Codenummern C26 und C46 ist er bekannt.

Corydoras kanei ist ein mittelgroßer Panzerwels, der an den dunklen ersten Rückenflossenstrahlen, der kräftigen Augenbinde und der feinen Punktierung gut zu identifizieren ist. Die Art ist einfach zu pflegen und wird auch gelegentlich im Aquarium vermehrt.

Verbreitung:
Brasilien, Rio-Negro-Becken, Rio Branco

Größe:
5,5 – 6 cm

Aquarium:
80 cm

Wasser:
pH 5,5 – 7,5
weich bis mittelhart

Temperatur:
23 – 28 °C

Zucht:
für Fortgeschrittene geeignet

Corydoras leopardus
Leopardpanzerwels

Verbreitung:
Brasilien, Ecuador, Peru, Amazonasbecken

Größe:
8 – 9 cm

Aquarium:
100 – 120 cm

Wasser:
pH 6 – 8
weich bis mittelhart

Temperatur:
23 – 28 °C

Zucht:
nur für Profis geeignet

Der Leopardpanzerwels ist sehr imposant und wird recht groß, sodass er sich nur für eine Pflege in größeren Aquarien eignet. Die Art ist im Amazonasbecken weit verbreitet und überaus variabel. Zahlreiche Varianten sind bekannt (z. B. C131 aus dem Río Tapiche in Peru), von denen noch nicht geklärt ist, ob es sich um eigene Arten handelt.

Vor allem aus Peru gelangen diese Fische als Wildfänge in großer Anzahl zu uns. Es handelt sich um attraktive, robuste und langlebige Schaufische, die jedoch sehr schwierig im Aquarium zu vermehren sind. Betrachtet man diese Art genauer, so fällt unweigerlich die große Ähnlichkeit zum Dreilinienpanzerwels (*Corydoras trilineatus*) auf, die nicht zufällig ist. Beide Arten bewohnen nämlich im oberen Amazonasbecken häufig die gleichen Lebensräume.

Corydoras leucomelas
Schwarzflossenpanzerwels

Corydoras leucomelas ist ein recht preiswerter und häufig aus Peru zu uns importierter Panzerwels mittlerer Größe. Ein unverwechselbares Merkmal der Art ist die schwarze Färbung der Rückenflosse und das sich daran anschließende schwarze Dreieck auf dem Rücken. Dies macht *C. leucomelas* zu einer hübschen Bereicherung für jedes Gesellschaftsaquarium. Im Schwarm kommt diese mittelgroße Art erst richtig zur Geldung.

Es handelt sich beim Schwarzflossenpanzerwels um einen friedlichen und genügsamen *Corydoras*, dessen Nachzucht jedoch selbst Profis vor Probleme stellt. Je nach Herkunft variieren die Breite der schwarzen Augenbinde und die Ausprägung der schwarzen Rückenzeichnung ein wenig. Exemplare aus dem Río Yavari, wie das unten abgebildete, sind dabei besonders hübsch gefärbt.

Verbreitung:
Peru, Ecuador, Kolumbien, oberes Amazonasbecken

Größe:
5 – 6 cm

Aquarium:
80 cm

Wasser:
pH 6 – 8
weich bis mittelhart

Temperatur:
23 – 28 °C

Zucht:
nur für Profis geeignet

Corydoras melini
Kopfbindenpanzerwels

Verbreitung:
Brasilien und Kolumbien, oberes Negro- und Orinoco-Becken

Größe:
5 – 6 cm

Aquarium:
80 cm

Wasser:
pH 5,5 – 7,5
weich bis mittelhart

Temperatur:
23 – 28 °C

Zucht:
für Fortgeschrittene geeignet

Dieser hübsche Panzerwels wird regelmäßig aus Kolumbien zu uns eingeführt. Obwohl die von der Rückenflosse bis zum unteren Ansatz der Schwanzflosse verlaufende Binde das charakteristischste Merkmal dieser Art ist, beruht die deutsche Bezeichnung auf der für eine Vielzahl von Panzerwelsen typischen Kopfbinde. Am ehesten ist die Art mit Sands Panzerwels zu verwechseln, der jedoch einen längeren Körperbau besitzt.

Corydoras melini ist ein einfach zu pflegender Panzerwels. Die Vermehrung ist jedoch nicht ganz so einfach wie beim ähnlichen *Corydoras davidsandsi* und gelingt bei 23 bis 28 Grad am besten in weichem Wasser.

Corydoras metae
Schwarzrückenpanzerwels

Der Schwarzrückenpanzerwels hat seinen wissenschaftlichen Artnamen dem Herkunftsgewässer zu verdanken. Er wurde aus dem Río Meta in Kolumbien beschrieben, einem Weißwasserfluss im Orinoco-Becken. Von dort gelangt er auch fast ausschließlich als Wildfang zu uns. *Corydoras metae* ähnelt der zuvor beschriebenen Art recht stark, besitzt aber einen kompakteren und höheren Körperbau und eine schmalere schwarze Binde auf dem Rücken.

Auch diese Art ist ein robuster und empfehlenswerter Pflegling, der durchaus im Aquarium vermehrt werden kann. Die Weibchen legen wenige recht große Eier zumeist einzeln oder paarweise ab.

Verbreitung:
Kolumbien, Río Meta, Orinoco-Becken

Größe:
5 – 5,5 cm

Aquarium:
80 cm

Wasser:
pH 6 – 8
weich bis mittelhart

Temperatur:
23 – 28 °C

Zucht:
für Fortgeschrittene geeignet

39

Corydoras paleatus
Marmorpanzerwels

Verbreitung:
Argentinien,
Brasilien,
Río-Paraná-Becken

Größe:
7 – 7,5 cm

Aquarium:
80 – 100 cm

Wasser:
pH 6 – 8
weich bis hart

Temperatur:
20 – 26 °C

Zucht:
für Anfänger
geeignet

Corydoras paleatus ist der wohl beliebteste Panzerwels in der Aquaristik. Es handelt sich aber auch um die erste importierte *Corydoras*-Art überhaupt, die im letzten Jahrhundert schon recht früh aus Argentinien zu uns gelangte. Nun wird die Art, die in der älteren Literatur auch als Punktierter Panzerwels bezeichnet wird, schon seit unzähligen Generationen im Aquarium vermehrt und darf als domestiziert bezeichnet werden. Neben der Wildform existiert noch eine albinotische Variante. Auch schleierflossige Marmorpanzerwelse mit stark verlängerten Flossen tauchen gelegentlich im Handel auf.

Unter dem Sammelbegriff Marmorpanzerwels werden jedoch mehrere sehr ähnliche Arten zusammengefasst. Einige dieser Arten (z. B. *Corydoras longipinnis*) tragen im männlichen Geschlecht bereits von Natur aus stark verlängerte Rückenflossen.

In der Natur kommen diese Panzerwelse saisonal bei recht niedrigen Temperaturen vor, weshalb sie sich hervorragend auch für eine Pflege im unbeheizten Wohnzimmeraquarium eignen. Die fast nur noch als Nachzuchttiere aus Südostasien oder Osteuropa in den Handel kommenden Tiere sind jedoch bezüglich der Temperatur und der Wasserwerte extrem anpassungsfähig.

Wildfangexemplar des
Marmorpanzerwelses
aus Argentinien.

40

Schleierzuchtform von *Corydoras paleatus*.

Albinotischer Marmorpanzerwels.

Männchen des ähnlichen und sehr langflossigen *Corydoras* cf. *longipinnis* aus Argentinien.

Corydoras panda
Pandapanzerwels

Verbreitung:
Peru, Río-Ucayali-Einzug, oberes Amazonasbecken

Größe:
5 – 5,5 cm

Aquarium:
60 cm

Wasser:
pH 6 – 8
weich bis hart

Temperatur:
22 – 27 °C

Zucht:
für Anfänger
geeignet

Der Pandapanzerwels besitzt eine sehr große Popularität, da es sich um eine vergleichsweise kleine, attraktive und einfach zu pflegende Art handelt. Seinen Namen verdankt dieser *Corydoras* einem ähnlich starken Kontrast zwischen dunkler Zeichnung und hellem Untergrund, wie ihn der Pandabär aufweist.

Seine Heimat sind klare Waldbäche im oberen Amazonasbecken Perus. Jedoch gelangen heute nur noch selten Wildfänge in den Handel. Wilde Pandapanzerwelse wurden anfänglich zu sehr hohen Preisen gehandelt. Die Attraktivität und einfache Züchtbarkeit hat jedoch schnell dazu geführt, dass dieser Panzerwels nun schon seit vielen Jahren in Südostasien in großer Anzahl in Zuchtfarmen vermehrt wird.

Es handelt sich um einen preiswerten und schönen Panzerwels, der jedem Anfänger – vor allem auch für kleinere Aquarien – nur empfohlen werden kann. Auch von dieser Art gibt es eine langflossige Schleierform und eine weiße Variante mit schwarzen Augen (Xanthorist) wurde ebenfalls herausgezüchtet.

Weiße schwarz-
äugige Zucht-
form des
Pandapanzerwelses.

43

Corydoras pygmaeus
Zwergpanzerwels

Verbreitung:
Brasilien,
Ecuador, Peru,
oberer Amazonas
und Rio Madeira

Größe:
2,5 – 3 cm

Aquarium:
60 cm

Wasser:
pH 6 – 8
weich bis mittelhart

Temperatur:
23 – 28 °C

Zucht:
für Anfänger
geeignet

Einer der kleinsten bekannten Panzerwelse ist der Zwergpanzerwels. Er ist ein friedlicher und genügsamer Schwarmfisch und deshalb vor allem für kleinere Gesellschaftsaquarien geeignet, z. B. für die Vergesellschaftung mit kleinen Salmlern und Barben oder auch Zwerggarnelen.

Bei den Tieren handelt es sich vor allem um Importe aus Peru. Denn obwohl diese Fische nicht schwierig zu vermehren sind, lohnt sich die gewerbliche Nachtzucht angesichts des geringen Preises der Wildfänge nicht.

Corydoras pygmaeus schwimmen häufig im Schwarm im freien Wasser herum. Die Männchen sind etwas zierlicher und kleiner als die Weibchen.

Corydoras reticulatus
Netzpanzerwels

Diese überaus attraktive Art gehört zu den größer werdenden Panzerwelsen. Der Netzpanzerwels ist im oberen Amazonasbecken weit verbreitet und kann recht variabel in der Färbung sein. Er ist jedoch gut an seinem schwarzen Netzmuster und einem großen schwarzen Fleck in der Rückenflosse zu identifizieren, der dem ähnlichen *Corydoras sodalis* fehlt. Allerdings gibt es durchaus Formen, bei denen dieser Fleck extrem stark verkleinert ist.

Corydoras reticulatus ist ein ausgesprochener Weißwasserfisch, der anspruchslos bezüglich der Wasserparameter und selbst für den Anfänger leicht zu pflegen ist. Die Vermehrung ist jedoch bisher nur wenigen Spezialisten gelungen.

Verbreitung:
Brasilien, Peru, oberes Amazonasbecken

Größe:
6,5 – 7 cm

Aquarium:
80 – 100 cm

Wasser:
pH 6 – 8
weich bis mittelhart

Temperatur:
23 – 28 °C

Zucht:
nur für Profis geeignet

Corydoras schultzei
Goldstreifenpanzerwels

Verbreitung:
Brasilien, Peru,
oberes Amazonas-
becken

Größe:
6 – 6,5 cm

Aquarium:
80 – 100 cm

Wasser:
pH 6 – 8
weich bis mittelhart

Temperatur:
22 – 28 °C

Zucht:
für Anfänger
geeignet

Obwohl der Goldstreifenpanzerwels von sachkundigen Zoofachhändlern aufgrund seines unverwechselbaren Zeichnungsmusters zumeist als eigenständige Art verkauft wird, unterscheiden die Wissenschaftler diesen Panzerwels nicht von *Corydoras aeneus* (S. 18). Der Name *Corydoras schultzei* wird nur als Synonym zu dieser Art betrachtet.

Die Zuchtstämme des Goldstreifenpanzerwelses sind vielfach schon sehr alt und werden schon über viele Generationen ohne Blutauffrischung durch Wildfänge vermehrt. Aus Brasilien und Peru, wo diese *Corydoras* in Weißwasserflüssen leben, kommen nämlich nur selten Importe herein. Nachzuchten werden derzeit vor allem aus Osteuropa eingeführt.

Die sogenannten Schwarzen Metallpanzerwelse und Albino-Metallpanzerwelse sind beliebte Zuchtformen des Goldstreifenpanzerwelses und wurden nicht aus den Zuchtstämmen des Metallpanzerwelses herausgezüchtet. *Corydoras schultzei* ist einer der am einfachsten zu pflegenden und zu vermehrenden Panzerwelse.

Wildfangexemplar von *Corydoras schultzei* aus Peru.

Der Albino-Metallpanzerwels ist eine Zuchtform des Goldstreifenpanzerwelses.

Der Schwarze Metallpanzerwels ist auch eine Zuchtform von *Corydoras schultzei*.

Corydoras schwartzi
Bänderpanzerwels

Verbreitung:
Brasilien und
Amazonasbecken

Größe:
6 – 6,5 cm

Aquarium:
80 – 100 cm

Wasser:
pH 6 – 8
weich bis mittelhart

Temperatur:
23 – 29 °C

Zucht:
nur für Profis
geeignet

Auch der hübsche Bänderpanzerwels wird regelmäßig importiert und ist sehr beliebt. Zur Saison gelangt die Art in großer Zahl, zumeist aus dem Rio Purus in Brasilien, zu uns. Gelegentlich wird aber auch eine Form aus dem Rio Yavari, der Grenze zu Peru, eingeführt, bei der der erste Rückenflossenstrahl nicht wie üblich weiß, sondern schwarz gefärbt ist. Die etwas kleineren und zierlicheren Männchen bilden bei dieser Art eine höhere Rückenflosse aus.

Es handelt sich um sehr robuste und anspruchslose Panzerwelse, deren Vermehrung jedoch bislang nur wenigen Spezialisten gelungen ist.

Corydoras sodalis
Genetzter Panzerwels

Der Genetzte Panzerwels ist sehr leicht mit *Corydoras reticulatus* zu verwechseln, der jedoch zusätzlich zum Netzmuster noch einen großen dunklen Fleck in der Rückenflosse zeigt. Die überaus variable Art wird zumeist aus Brasilien aus dem Río Purus, einem großen Weißwasserfluss, importiert.

Es handelt sich um einen hübschen, preiswerten und leicht zu pflegenden Panzerwels, der auch jedem Anfänger empfohlen werden kann. Wer jedoch züchterische Ambitionen hat, sollte besser die Finger von dieser nur schwer zu vermehrenden Art lassen, denn die Stimulation ist sehr aufwendig.

Verbreitung:
Peru, Brasilien, Río Yavari, Rio Purus, Amazonasbecken

Größe:
6 – 6,5 cm

Aquarium:
80 – 100 cm

Wasser:
pH 6 – 8
weich bis mittelhart

Temperatur:
23 – 29 °C

Zucht:
nur für Profis geeignet

Corydoras sp. (C157)
Punktierter Panzerwels

Verbreitung:
Brasilien, Rio
Purus, mittleres
Amazonasbecken

Größe:
6,5 – 7 cm

Aquarium:
100 cm

Wasser:
pH 6 – 8
weich bis mittelhart

Temperatur:
23 – 29 °C

Zucht:
nur für Profis
geeignet

Obwohl dieser Panzerwels einer der am häufigsten eingeführten Wildfang-*Corydoras* ist, gibt es noch keinen wissenschaftlichen Namen für diese Art. Aus Brasilien gelangt sie zumeist unter der falschen Bezeichnung *Corydoras punctatus* zu uns, mit dem die korrekt als C157 zu bezeichnende Art allerdings nicht viel gemeinsam hat. Zumeist findet man ihn im Zoofachhandel vermischt mit C156, bei dem es sich um die Jugendform des Riesenpanzerwelses (*Corydoras robustus*) handeln soll. Der überaus ähnliche C156 unterscheidet sich von C157 durch eher längliche Flecke auf den Körperseiten, die in Linien angeordnet sind sowie einen weißen ersten Stachel der Rückenflosse.

Der recht preiswerte Punktierte Panzerwels ist ein attraktiver, größer werdender Panzerwels, der zwar wegen der einfachen Pflege, aber keinesfalls der Zucht als Anfängerfisch bezeichnet werden kann.

Corydoras sp. (CW010)
Orangestreifenpanzerwels

Mit seinem kräftig orange leuchtenden Streifen auf der Körperseite gehört dieser noch unbeschriebene Panzerwels mit der Codenummer CW010 zu den attraktivsten *Corydoras*-Arten. Mit CW009 gibt es sogar noch eine ähnliche Art, deren Streifen leuchtend grün sind.

Sie stammen aus kleineren Schwarzwasserflüssen im Einzugsgebiet des Río Ucayali in Peru und sind nicht so anspruchsvoll wie ihre Herkunft vermuten lässt. Obwohl sie häufig als Variante des Metallpanzerwelses (*Corydoras aeneus*) angesprochen werden, stehen sie verwandtschaftlich vermutlich dem Gelbflossenpanzerwels (*Corydoras melanotaenia*) näher.

Die Pflege dieser hübschen Tiere kann durchaus in Leitungswasser bei nicht zu hohen Temperaturen erfolgen. Zur Zucht empfiehlt sich jedoch weicheres Wasser. CW010 wird mittlerweile regelmäßig von Aquarianern vermehrt, wobei sogar eine rote Zuchtform herausgezüchtet werden konnte.

Verbreitung:
Peru, Río-Ucayali-System und oberes Amazonasbecken

Größe:
5,5 – 6 cm

Aquarium:
80 cm

Wasser:
pH 4,5 – 7
weich bis mittelhart

Temperatur:
22 – 26 °C

Zucht:
für Fortgeschrittene geeignet

Rote Zuchtform von CW010.

Mit CW009 gibt es eine verwandte Art mit grünem Leuchtstreifen.

Corydoras sterbai
Orangeflossenpanzerwels

Verbreitung:
Brasilien, Rio
Guaporé, Rio-
Madeira-System

Größe:
6 – 7 cm

Aquarium:
80 – 100 cm

Wasser:
pH 6 – 8
weich bis mittelhart

Temperatur:
24 – 29 °C

Zucht:
für Anfänger
geeignet

Männchen des
Orangeflossen-
panzerwelses.

Waren die ersten Importe dieses überaus attraktiven Panzerwelses noch unglaublich kostspielig und nur den Spezialisten vorbehalten, so ist der Orangeflossenpanzerwels mittlerweile ein Fisch für jedermann. Schon lange werden diese Tiere in großer Anzahl und sehr erschwinglich als Nachzuchten, vor allem aus Südostasien, importiert. Als noch häufiger Wildfänge aus Brasilien angeboten wurden, fand man diese zuweilen vermischt mit dem ähnlichen, aber spitzschnäuzigeren Prachtpanzerwels (*Corydoras haraldschultzi*).

Der Orangeflossenpanzerwels ist eine größer werdende Art, die jedem Aquarianer nur empfohlen werden kann. Vorsicht sollte man jedoch vor dem Brustflossenstachel walten lassen, denn die Stiche sind ausgesprochen schmerzhaft. Durch das unter Stress – vor allem beim Transport – abgegebene Eiweißgift können die Tiere sich und andere Fische im Beutel vergiften.

Corydoras sterbai ist auch für den Anfänger einfach zu vermehren und kann dabei sehr produktiv sein. Es ist auch eine albinotische Variante herausgezüchtet worden.

Corydoras trilineatus
Dreilinienpanzerwels

Weltweit ist dieser überaus attraktive Panzerwels vor allem unter der falschen Bezeichnung *Corydoras julii* bekannt. Und in der Tat können sich der Dreilinienpanzerwels und der Julipanzerwels sehr stark ähneln. Die überaus variable Art kann ganz ähnliche Punkte auf dem Kopf zeigen wie C. *julii*, trägt aber zumeist mehr oder weniger lange Wurmlinien.

Neben den nur saisonal erhältlichen Wildfängen, die zumeist aus Weißwasserflüssen in Peru stammen, werden seit einigen Jahren auch Nachzuchttiere dieser Art aus Südostasien angeboten, die leicht zu vermehren sind. *Corydoras trilineatus* ist attraktiv und einfach zu pflegen, also ein idealer Anfängerfisch. Er ähnelt sehr dem spitzschnäuzigeren Leopardpanzerwels.

Verbreitung:
Peru, Ecuador, Brasilien, oberes Amazonasbecken

Größe:
5,5 – 6 cm

Aquarium:
80 cm

Wasser:
pH 6 – 8
weich bis mittelhart

Temperatur:
23 – 28 °C

Zucht:
für Anfänger geeignet

Biologie der Panzerwelse

Genetzter Panzer-wels (*Corydoras sodalis*).

Der große Artenreichtum der Panzerwelse ist auf einen hohen Grad an Anpassungsfähigkeit zurückzuführen, was sie natürlich zu idealen Aquarienfischen werden lässt. In ihren natürlichen Lebensräumen sind die *Corydoras* teilweise extremen Schwankungen der Wasserstände, der Wassertemperaturen und des Futterangebotes ausgesetzt. Solche Schwankungen treten bei der Pflege im Aquarium gewöhnlich nicht auf. Da einige Arten jedoch auch ihre Fortpflanzung sehr stark an diese Veränderungen angepasst haben, ist ihre Vermehrung unter gleichbleibenden Aquarienbedingungen kaum möglich.

Verbreitung

Die Vertreter der Gattung *Corydoras* sind nahezu im gesamten tropischen und subtropischen Südamerika verbreitet. Das Gebiet umfasst das Amazonas- und Orinocobecken, die Küstenflusssysteme der Guyana-Staaten und Brasiliens sowie das Río-Paraguay- und Río-Paraná-Becken. Sogar auf der Karibikinsel Trinidad findet man mit dem Metallpanzerwels (*Corydoras aeneus*) einen sehr bekannten Vertreter. Obwohl die Gattung schon sehr alt ist und mit *Corydoras revelatus* sogar ein Fossil aus dem Paleozän aus Argentinien beschrieben worden ist, findet man sie nur östlich der Anden-Gebirgskette, die eine weitere Verbreitung nach Mittelamerika verhindert hat. Die größte Vielfalt an Arten lebt natürlich im Amazonasgebiet.

Das Hauptverbreitungsgebiet der *Corydoras* ist das Amazonasgebiet, hier der Unterlauf des Rio Xingu.

Natürliche Lebensräume

Die *Corydoras*-Arten sind in Südamerika nahezu lückenlos verbreitet. Es gibt dort kaum ein Flusssystem, in dem man nicht zumindest einen Vertreter dieser Gattung findet. Der Verbreitung sind allerdings Grenzen gesetzt, und so findet man *Corydoras* zum Beispiel nicht in den kühlen und schnell fließenden Gebirgsflüssen. Auch Wasserfälle und Höhenstufen in den Flüssen können sie natürlich nicht erklimmen. Im Süden verhinderten zu niedrige Temperaturen eine weitere Ausbreitung.

Sie kommen in allen drei Gewässertypen vor: in Weiß-, Klar- und Schwarzwasser. *Corydoras* bewohnen die häufig sehr warmen großen Tieflandflüsse ebenso wie die deutlich kühleren und kleineren Waldbäche. Auch in Seen und Restgewässern findet man sie natürlich, an die sie durch ihre Fähigkeit zur Atmung atmosphärischer Luft bei Sauerstoffarmut sehr gut angepasst sind.

Eine Vielzahl verschiedener Arten beherbergen vor allem die großen Weißwasserflüsse des Amazonasgebietes, wie beispielsweise der Rio Purus in Brasilien oder der Río Ucayali in Peru. Weißwasserflüsse sind lehmfarben und reich an mineralischen Schwebstoffen und Futter. Sie zeichnen sich in der Regel durch einen pH-

Der Coppename River, ein Klarwasserfluss in Surinam, ist Lebensraum von *Corydoras coppenamensis*.

Wert von 6,5 bis 7,0 aus. Die *Corydoras* der Weißgewässer zeigen kurz nach dem Fang zumeist einen stark metallisch-grünen Glanz, den die Tiere bei der Pflege im klaren Aquarienwasser jedoch häufig schnell verlieren. Die meisten in diesem Buch näher beschriebenen Panzerwelse sind Weißwasserbewohner.

Viele weitere *Corydoras* sind in Flüssen des Klarwassertyps beheimatet. Große Klarwasserflüsse sind beispielsweise der Rio Tapajos, der Rio Xingu und der Tocantins im Amazonasgebiet in Brasilien. Klargewässer führen in der Regel noch weicheres Wasser als die Weißwasserflüsse. Der pH-Wert liegt gewöhnlich zwischen 4,5 und 6,5. Typische Klarwasserfische sind der Juli-Panzerwels (*Corydoras julii*) und der Pandapanzerwels (*Corydoras panda*).

Auch in den Schwarzwasserflüssen findet man Vertreter der Gattung *Corydoras* und dies sind dann vielfach sogar die farbigsten Arten. Schwarzwasser ist tee- bzw. colafarben und sehr reich an Huminstoffen. Aufgrund der zumeist kaum nachweisbaren Härtebildner und gelösten Säuren im Wasser, reagiert es sehr sauer mit pH-Werten zwischen 3,8 und 5,3. Dem entsprechend handelt es sich bei den Schwarzwasserarten um die anspruchsvollsten Panzerwelse. Die Orangefleckpanzerwelse (*Corydoras adolfoi* und *Corydoras duplicareus*) sowie die Leuchtstreifenpanzerwelse *Corydoras* sp. CW009 und CW010 sind Schwarzwasserfische.

Typischer Weißwasserlebensraum in Peru: der Caño de Paca im Ucayali-Becken.

Der Igarapé Miua im oberen Rio-Negro-Einzug in Brasilien ist ein Schwarzwasserfluss.

Klimatische Bedingungen

Das Verbreitungsgebiet der *Corydoras* umfasst tropische und subtropische und somit klimatisch sehr unterschiedliche Regionen. Natürlich sind die weitaus meisten Arten im tropischen Südamerika beheimatet, aber auch dort gibt es verschiedene Klimazonen, so dass man die Panzerwelse nicht einfach in einen Topf werfen kann.

Zwar haben das nördlich des Äquators gelegene Orinocogebiet und das südlich gelegene Amazonasgebiet im Jahresverlauf nur geringe Schwankungen der Lufttemperatur gemeinsam. Die Wassertemperatur schwankt hier in den Fließgewässern deshalb gewöhnlich nur um etwa zwei bis drei Grad. Aber der Wandel zwischen Regen- und Trockenzeit ist deutlich verschieden. In den Llanos in Venezuela und Kolumbien, einer weiten und flachen Graslandschaft im Orinocobecken, kommt es in unserem Frühjahr zu einer großen Dürre und das Netz an Flüssen schrumpft auf wenige große Arme zusammen. Zur

Die Llanos in Venezuela sind zur Regenzeit in vielen Bereichen überschwemmt.

Regenzeit, die in unseren Sommer-
monaten beginnt, fallen unglaubli-
che Niederschlagsmengen, und die
gesamte Landschaft ist von einem
Netz von Gewässern durchzogen.

Im Amazonasgebiet findet die Regenzeit hingegen vor allem in unseren Wintermonaten statt, und in
den großen Tieflandflüssen nimmt
der Wasserstand dann stark zu und
die Fließgeschwindigkeit wird größer. Dennoch kann man bei Kennt-
nis der ungefähren Herkunft seiner
Tiere nicht unbedingt auf die Bedingungen in den Lebensräumen schließen. Denn es ist auch noch entschei-
dend zu wissen, ob es sich um eine
Art aus den sonnenbeschienenen
und deshalb sehr warmen großen
Strömen handelt oder ob die Art
beispielsweise aus einem der deutlich kühleren Urwaldflüsse stammt.
Das kann sehr wohl eine Tempera-

turdifferenz von etwa vier bis sechs
Grad ausmachen.

Je weiter man in den Süden des
Kontinents kommt, desto stärker
sind die Schwankungen in den Temperaturen zwischen Sommer und
Winter. Im zentralbrasilianischen
Hochland gibt es bereits Tempera-
turunterschiede von acht bis zehn
Grad und in der argentinischen
Pampa können die Wassertemperaturen im Winter sogar durchaus auf
18 °C oder sogar niedriger abfallen.
Die Panzerwelse aus diesem Bereich
(z. B. der Marmorpanzerwels, *Corydoras paleatus*) sind an große Tem-
peraturschwankungen angepasst,
denn im Sommer kann die Temperatur durchaus auf 30 °C ansteigen.
In diesen südlichen Gefilden gibt es
jedoch keine ausgeprägten Regen-
und Trockenzeiten, wie es in der
Nähe des Äquators der Fall ist.

Der Siebenfleck-
Panzerwels
(*Corydoras sep-
tentrionalis*) ist
ein Bewohner der
Llanos.

Der Rio Tefé ist einer der großen und sehr warmen Tiefland-flüsse Amazoniens.

Im Arroyo Dolores in Bolivien kommt es im Jahresverlauf zu deut-lichen Temperatur-schwankungen.

Verhaltensweisen

Die Pflege von Panzerwelsen ist überaus interessant, da man bei ihnen eine Vielzahl von Verhaltensweisen beobachten kann. Allein schon die Nahrungsaufnahme ist eine spannende Angelegenheit, denn viele *Corydoras* sieben bei der Futtersuche den Boden förmlich durch. Auch die Möglichkeit der Luftatmung an der Wasseroberfläche ist eine Beobachtung, die man bei vielen anderen Fischen nicht machen kann. Die meist sehr geselligen Fische im Schwarm durch das Aquarium ziehen zu sehen, ist schon ein toller Anblick. Einige wenige Arten sind jedoch gar nicht so gesellig und zeigen sogar ein ausgeprägtes Revierverhalten. Am meisten gibt es jedoch bei der Fortpflanzung zu beobachten, die bei allen Panzerwelsen recht ähnlich abläuft, und bei der sich die Tiere in einer sogenannten T-Stellung verpaaren.

Panzerwelse zeigen viele interessante Verhaltensweisen, hier blickt das Weibchen von *Corydoras weitzmani* (links) zum Männchen (rechts) herüber.

Luftatmungsverhalten

Dieser Zwergpan-
zerwels schwimmt
zum Luftholen an
die Wasserober-
fläche.

Sicher haben Sie schon einmal beobachtet, dass die Tiere manchmal
zur Wasseroberfläche schwimmen
und ihre Schnauze kurz herausste-
cken. Dabei nehmen sie Luft auf. Einige Arten sind nämlich in Anpassung an ein Leben in sauerstoffar-
mem Wasser hervorragend in der
Lage, den Sauerstoff, den sie über
die Kiemen unter Wasser nicht in
ausreichender Menge bekommen,
aus der atmosphärischen Luft zu
beziehen. Diesen entziehen sie der
Luft dann im Verdauungstrakt. Das

Phänomen der Darmatmung kann
zuweilen selbst unter optimalen Bedingungen beobachtet werden. Allerdings ist diese Fähigkeit nur bei
den Panzerwelsen ausreichend ausgeprägt, die auch in der Natur zu
bestimmten Zeiten Sauerstoffarmut
ausgesetzt sind. Aus der Sauerstoff-
atmung einiger *Corydoras*-Arten
sollte man keineswegs folgern, dass
man Panzerwelse bei der Pflege ver-
nachlässigen kann.

Foto: D. Gröbel

Fressverhalten

Bietet man seinen Panzerwelsen einen feinen Bodengrund an, so zeigen sie auch im Aquarium häufig ihr natürliches Fressverhalten. Dabei tauchen viele *Corydoras* mit der Schnauze tief in den Boden ein und durchsieben diesen förmlich auf der Suche nach Nahrung. Der von den Tieren in Mengen aufgenommene feine Sand wird dann durch die Kiemendeckel wieder herausbefördert, Futterpartikel oder -tiere werden sofort gefressen.

Je länger die Schnauzenpartie eines *Corydoras* ist, desto tiefer können die Tiere natürlich in den Boden eintauchen. Insofern sind die spitzschnäuzigen Arten bei dieser Form der Futtersuche eindeutig im Vorteil.

Beim Fressen tauchen die Panzerwelse häufig tief in den Boden ein (hier ein C3).

Schwarmverhalten

Als zumeist sehr gesellige Fische bilden *Corydoras* häufig größere Verbände. Das Schwarmverhalten ist vor allem bei den kleinen Arten besonders stark ausgeprägt. Aber auch die Jungfische der größer werdenden Panzerwelse vereinen sich in der Natur zu großen Schwärmen. Dieses Verhalten zeigen die Tiere auch im Aquarium.

Im Schwarm finden die Fische Schutz vor Fressfeinden. Zwar sind Panzerwelse aufgrund ihres dichten Panzers aus Knochenplatten und ihres spitzen und schmerzhaften Brustflossenstachels recht gut geschützt, aber Feinde müssen ja auch erst einmal lernen, dass *Corydoras* keine gute und einfache Mahlzeit darstellen. Insofern haben wir es bei den gemischten Schwärmen, die verschiedene Panzerwelsarten mit gleicher oder sehr ähnlicher Färbung häufig in der Natur bilden, laut Aussage einiger Ichthyologen mit einer Form von Müller'scher Mimikry zu tun. Diese Arten teilen sich demnach den Aufwand (die Verluste), Fressfeinde so zu schulen, dass sie keine gute Beute sind. Auch andere Fische schließen sich gerne den Panzerwels-Schwärmen an, um besser geschützt zu sein. Ein klassisches Beispiel dafür ist der Sichelfleck-Zwergpanzerwels (*Corydoras hastatus*), in dessen Verbänden verschiedene ähnlich gefärbte Salmler (z. B. der Dreipunkt-Tetra, *Serrapinnus kriegi*) Schutz suchen. Da hier offensichtlich ungeschützte Arten die besser geschützten *Corydoras* nachahmen, spricht man von Bates'scher Mimikry.

Der Narziß-Panzerwels (*Corydoras narcissus*) zeigt häufig ein ausgeprägtes Revierverhalten.

Revierverhalten

Gewöhnlich sind Panzerwelse als überaus friedliche und gesellige Fische bekannt, die weder Artgenossen noch anderen Fischen gegenüber Aggressionen zeigen. Es gibt jedoch auch einzelne Ausnahmen, die ein ausgeprägtes Revierverhalten an den Tag legen können. Es handelt sich dabei vor allem um die sehr großen sattelschnäuzigen *Corydoras*-Arten.

Die Männchen dieser Arten fechten kleine Scharmützel aus und legen einander dabei häufig auf die Seite. Zu ernsthaften Verletzungen kommt es jedoch gewöhnlich nicht. Anderen Fischarten gegenüber sind auch diese Arten völlig friedlich. Beobachtet wurde ein solches Verhalten beispielsweise vom Narzißpanzerwels (*Corydoras narcissus*) und vom Keilfleckpanzerwels (*Corydoras treitlii*). Nach meinen Erfahrungen zeigen die kleineren „Sattelschnäuzer" der sogenannten *Corydoras-acutus*-Gruppe jedoch kaum territoriales Verhalten.

Als gesellige Fische bilden Panzerwelse (hier der Netzpanzerwels) zumeist einen Schwarm.

Fortpflanzungsverhalten

Das eigentlich Spannende an der Pflege von Panzerwelsen ist für mich die Beobachtung der Fortpflanzung dieser Tiere. Dabei zeigen sie einige überaus interessante Verhaltensweisen, die ich kurz beschreiben möchte.

Die Fortpflanzung kündigt sich anfänglich durch eine sichtbare Unruhe der Tiere an, bei der die Männchen ungewöhnlich aktiv durch das Aquarium schwimmen und die Weibchen immer mehr bedrängen. Häufig verfolgen gleich zwei oder drei Männchen ein Weibchen und lassen es nicht mehr zur Ruhe kommen. Auffällig werben sie um das Weibchen, bis sich schließlich ein Männchen frontal vor die Auserwählte stellt und mit seiner Brustflosse, die es an den Körper anzieht, die Barteln des Weibchens einklemmt. Nun verfallen die Tiere in dieser sogenannten T-Stellung in einer Starre zu Boden. Das Weibchen legt dabei eines oder auch mehrere Eier in eine von den Bauchflossen gebildete Tasche, die nun

Dem Ablaichen geht eine sichtbare Unruhe der Tiere voraus, bei der häufig mehrere Männchen ein Weibchen bedrängen.

Bei der T-Stellung
verfallen die Tiere
in eine Starre.

Dieses Weibchen
trägt ein Ei in der
Bauchflossen-
tasche.

Das Weibchen
versucht, die Eier
an der Unterseite
eines Pflanzen-
blattes anzu-
heften.

Drei Panzerwelseier auf der Unterseite eines Pflanzenblattes.

vom Männchen befruchtet werden. Wie die Befruchtung vonstatten geht, ist allerdings umstritten. So existiert eine kontrovers diskutierte Annahme japanischer Fischkundler, dass das Weibchen die Spermien mit dem Mund aufnimmt und über den Verdauungstrakt in die Bauchflossentasche weiterleitet.

Wenn sich die Tiere nach erfolgter Befruchtung wieder aus ihrer Starre lösen, versucht das Weibchen, die anfänglich stark klebrigen Eier an ein Substrat anzuheften. Das können beispielsweise Blätter von

Aquarienpflanzen oder sonstige Einrichtungsgegenstände sein. Vielfach werden die Eier jedoch auch einfach an die Aquarienscheibe geklebt.

Ein einziges Weibchen kann so im Verlauf weniger Stunden durchaus 200 bis 500 Eier ablegen. Eine erneute Fortpflanzung erfolgt dann zumeist erst wieder einige Tage oder Wochen später. Manche kleiner bleibenden *Corydoras*-Arten (z. B. der Sichelfleck-Zwergpanzerwels) sind jedoch Portionslaicher, die über mehrere Tage hinweg nur wenige Eier ablegen.

Das Panzerwelsaquarium

Obwohl Panzerwelse überaus genügsam und vielfach sehr einfach zu pflegen sind, stellen sie doch gewisse Bedingungen an den Pfleger, die es zu beachten gilt. So haben die Tiere, je nach ihrem Temperament und ihrer Größe, unterschiedliche Ansprüche an die Größe des Aquariums. Auch die benötigte technische Ausstattung kann von Art zu Art variieren. So empfiehlt sich für einige *Corydoras* der Einsatz einer Strömungspumpe, bei wiederum anderen kann man sich einen Regelheizer sparen. Und auch eine Vergesellschaftung will durchdacht sein, denn einige Fische sind nicht als Gesellschaft für Panzerwelse geeignet.

Corydoras sterbai im schön bepflanzten Gesellschaftsaquarium.

Wie groß muss das Aquarium sein?

Da einerseits die Zwergpanzerwelse (*Corydoras hastatus* und *C. pygmaeus*) nur eine Länge von 2,5 bis 3 cm erreichen und andererseits die Maximallänge der größten bekannten Arten (z. B. beim Riesenpanzerwels, *Corydoras robustus*) bei mehr als 10 cm liegt, können erhebliche Unterschiede in den Platzansprüchen der verschiedenen Panzerwelse bestehen.

Für die Pflege der „Zwerge" wäre prinzipiell bereits ein größeres Nanoaquarium geeignet, nur besagen die derzeit anerkannten Mindestanforderungen für die Haltung von Zierfischen, dass für eine dauerhafte Pflege 54 Liter (60 x 30 x 30 cm) nicht unterschritten werden sollten. Panzerwelse wurden in der Vergangenheit von den Züchtern vielfach auch noch in kleineren Aquarien sehr erfolgreich gepflegt und sogar vermehrt, wir sollten uns aber heute an die Forderungen für eine tiergerechte Pflege halten.

Für die wirklich großen Arten sind natürlich deutlich geräumigere Aquarien von 200 bis 300 Litern Inhalt erforderlich, in denen dann aber auch problemlos eine Gruppe gepflegt werden kann.

Eine Gruppe venezolanischer Metallpanzerwelse beim gemeinsamen Fressen an einer Futtertablette.

Foto: H. Hristov

Welche Technik benötigt man?

Ein Panzerwelsaquarium sollte in jedem Fall einen gut funktionierenden Filter aufweisen, der nur zur gelegentlichen Reinigung abgeschaltet werden sollte. Dieser hat die Aufgabe, die schädlichen Stoffwechselprodukte der Fische mechanisch und biologisch zu beseitigen. Wenn der Filter für eine längere Zeit läuft, also eingefahren ist, haben sich auf den Filtermaterialien nützliche Mikroorganismen (Bakterien) angesiedelt, die die Stickstoffumwandlung unterstützen und das für die Fische giftige Ammoniak in harmloseres Nitrat umwandeln.

Die Möglichkeiten der Filterung sind so vielfältig, dass man darüber ein eigenes Buch verfassen könnte. Die gängigsten Filtermethoden für Gesellschaftsaquarien sind Außen- und Innenfilter, die in vielen verschiedenen Ausführungen im Handel erhältlich sind. Viele Panzerwelszüchter verwenden zur Filterung eine Membranpumpe und schließen daran einen Schaumstoffpatronenfilter oder sogenannten Hamburger Mattenfilter an. Bei dieser, vor allem für mehrere Aquarien, preisgünstigsten Filtermethode wird das Aquarienwasser über einen Luftheber durch den Filterschaumstoff gefördert. Weitere Informationen über die verschiedenen Filtermethoden erhalten Sie im Zoofachhandel oder im Internet.

Für strömungsliebende Panzerwelse, die man in der Regel an ihrer spindelförmigen Gestalt und der sehr spitz zulaufenden Kopfpartie erkennt, kann außerdem der Einsatz einer Strömungspumpe für die gewünschte Wasserbewegung sorgen, was vor allem dann wichtig ist, wenn man die Tiere vermehren möchte.

Bei den meisten Panzerwelsen erfordern die Temperaturansprüche den Einsatz eines Regelheizers, der die Wassertemperatur auf „tropisches Niveau" anhebt. Bei den südlichen *Corydoras* kann jedoch darauf unter Umständen sogar verzichtet

Für die großen Pantanal-Panzerwelse (*Corydoras pantanalensis*) sind geräumige Aquarien anzuraten.

Arten, wie der Blaue Panzerwels (C. *nattereri*), benötigen im Wohnraum nicht zwingend einen Heizer.

Ein Hamburger Mattenfilter ist eine effektive und kostengünstige Filtermethode.

Durch die Verwendung einer LED-Beleuchtung lässt sich viel Strom sparen.

werden, wenn es die Umgebungstemperaturen zulassen. Achten Sie beim Heizerkauf darauf, dass dieser robust (also nicht leicht zerstörbar!) ist und sich die Temperatur einfach regeln lässt. Bedenken Sie bitte, dass der Heizer beim Hantieren im Aquarium unbedingt stromlos sein sollte!

Eine Beleuchtung des Aquariums ist purer Luxus, denn unseren Panzerwelsen reicht das durch die Aquarienscheiben einfallende Tageslicht völlig aus. Sie leben vielfach auf dem Grund der stark getrübten südamerikanischen Flüsse in völliger Dunkelheit. Licht dient deshalb allenfalls uns zur besseren Beobachtung unserer Pfleglinge und damit wir uns an ihren schönen Farben und Formen erfreuen können. Man sollte sich bereits bei der Anschaffung eines Aquariums darüber im Klaren sein, dass die Beleuchtung einen Großteil der später anfallenden laufenden Kosten ausmachen kann. Hier hat man ein hohes Einsparpotenzial und mittlerweile kann man beispielsweise durch die Verwendung von LED-Beleuchtungen sehr viel Strom einsparen.

Einrichtung des Aquariums

Die Einrichtung eines Aquariums spiegelt meist mehr den Geschmack des Pflegers wieder, als dass sie den Ansprüchen der Tiere entspricht. Für die meisten Panzerwelse würde ein möglichst feiner Bodengrund vollkommen ausreichen, da sie in ihren Lebensräumen auf großen Sandflächen vorkommen.

Da Panzerwelse ihr Futter bevorzugt auf und im Boden suchen und dabei mit ihrer Schnauze auch tief in diesen eintauchen, ist natürlich ein Sand- oder feiner Kiesboden (bis 2 mm Körnung) optimal. Bei der Pflege auf gröberem Kies können sie dieses natürliche Verhalten nicht zeigen und sich bei scharfkantigem Bodengrund (z. B. Split oder Lava) sogar die Barteln verletzen. Schäden an den Barteln können zu Fressunlust und dem Abmagern der Welse führen.

Viele Corydoras fühlen sich in einer zu hellen Umgebung nicht wohl, weshalb Verstecke – in welcher Form auch immer – sehr zu empfehlen sind. So lassen sich mit Steinen und Hölzern sehr gut natürlich aussehende Unterstände schaffen. Auch halbierte Kokosnussschalen oder Stücke von Blumentöpfen erfül-

len diesen Zweck sehr gut. Sehr natürlich sehen auch Blätter (z. B. von Eiche, Buche, Walnuss oder Seemandelbaum) aus, unter denen sich die Tiere gerne verstecken.

Obwohl in den meisten Lebensräumen von Panzerwelsen Wasserpflanzen fehlen, spricht natürlich auch nichts gegen eine Bepflanzung des Aquariums. Viele Arten halten sich gerne im Pflanzendickicht auf und einige legen im Aquarium sogar bevorzugt ihre Eier daran ab. Da Corydoras keine Pflanzenfresser sind, sind sie hervorragend für das Pflanzenaquarium geeignet und können allenfalls bei der Suche nach Futter frisch eingepflanzte Stängelpflanzen ausgraben. Auch durch eine dichte Schwimmpflanzendecke kann man dafür sorgen, dass die Umgebung für die Panzerwelse nicht zu hell ist und sie weniger scheu sind.

Eine halbierte Kokosnussschale ist eine gerne angenommene Versteckmöglichkeit für Panzerwelse.

Die richtige Gesellschaft

Von links:

Aggressive
Buntbarsche,
wie der Pfauen-
augenbuntbarsch
(Oskar), ge-
hören nicht
in ein Panzer-
welsaquarium.

Friedliche
Schwarmfische
wie der Rote
Neonsalmler sind
ideale Beifische
für Panzerwelse.

Anderen Fischen gegenüber verhalten sich Panzerwelse überaus friedlich, weshalb bei ihnen die Möglichkeiten der Vergesellschaftung sehr vielfältig sind. Jedoch sollte man darauf achten, dass sie durch ihre Mitbewohner nicht beeinträchtigt werden.

Aus diesem Grund scheiden beispielsweise stark revierbildende Fischarten, wie viele Buntbarsche, von vornherein aus. Zwar sind die *Corydoras* aufgrund ihres dichten Panzers aus Knochenplatten sehr robuste Aquarientiere, aber dauerhaften Aggressionen können auch sie nicht standhalten und gehen dann bald ein. Auch Fische, die die zumeist sehr ruhigen Panzerwelse ständig belästigen und ihnen womöglich noch die Flossen anknabbern, sind unbedingt zu vermeiden.

Nicht zu unterschätzen ist auch die Konkurrenz um Futter. Wenn man beispielsweise gemeinsam mit den Panzerwelsen einen Schwarm von Bärblingen pflegt, die als sehr schnelle Fresser bekannt sind, kann es schon passieren, dass die Welse unter Umständen zu wenig Futter abbekommen und abmagern. Hier kann jedoch ein anderes Fütterungsverhalten, z. B. auch Futtergaben nach Abschalten der Beleuchtung, Abhilfe schaffen.

Pflege von Panzerwelsen

Panzerwelse sind in der Regel sehr genügsame Aquarienfische, die einen hohen Grad an Anpassungsfähigkeit besitzen. Sie sind zumeist sehr gesellig und sollten deshalb nicht einzeln gepflegt werden. Sie stellen keine großen Ansprüche an die Beschaffenheit des Wassers und sind mit Leitungswasser gewöhnlich völlig zufriedenzustellen. Allerdings können die Temperaturansprüche von Art zu Art variieren, wobei aber auch dabei die Toleranz recht groß ist. Es handelt sich um äußerst genügsame Allesfresser, die jedoch auch klare Vorlieben in der Futterwahl haben. Bei guter Pflege können Panzerwelse sehr alt werden und sind eigentlich nur wenig anfällig gegenüber Krankheiten. Neue Fische sollten jedoch vor dem Erwerb intensiv beobachtet werden.

Auch verschiedene *Corydoras*-Arten lassen sich gut vergesellschaften – hier *Corydoras* sp. aff. *schwartzii* (links und Mitte) und *Corydoras orphnopterus* (rechts).

Vorsicht vor den Stacheln

Der Brustflossenstachel der Panzerwelse ist überaus spitz.

Beim Fang und Umgang mit Panzerwelsen sollte man den spitzen Stacheln der Brust- und Rückenflossen äußersten Respekt zollen. Aus Erfahrung kann ich berichten, dass ein Stich mit dem Brustflossenstachel eine starke Schwellung und einen lang anhaltenden pochenden Schmerz verursachen kann. Viele *Corydoras* besitzen nämlich Drüsen am Ansatz der Brustflosse, in denen sie ein Eiweißgift produzieren, das sie bei Gefahr oder Stress abgeben können. Interessanterweise haben einige Arten (z.B. der Orangeflossenpanzerwels) ein sehr starkes Eiweißgift, wohingegen Arten wie der Marmorpanzerwels ein solches nicht zu erzeugen scheinen.

Wenn man Panzerwelse in einem Beutel transportiert, so sollte man darauf achten, dass zumindest ein zweiter Transportbeutel übergestülpt wird, damit der Beutel durch den Stich eines Stachels kein Leck bekommt. Die Zoofachhändler geben häufig etwas Aktivkohle beim Transport mit ins Wasser, damit sich die Tiere durch die Ausschüttung ihres Eiweißgiftes nicht selbst vergiften. Andere Zierfische sollten aus diesem Grund nicht gemeinsam mit Panzerwelsen in einem Gefäß transportiert werden.

Auch Gosses Panzerwels (*Corydoras gossei*) besitzt ein sehr schmerzhaftes Eiweißgift.

Wie viele Tiere sollte man pflegen?

Als sehr gesellige Fische kommen Panzerwelse in der Natur häufig in großen Verbänden vor. Aus diesem Grund sollte man sie auch im Aquarium nicht einzeln, sondern zumindest im kleinen Schwarm halten. Besonders die Zwergpanzerwelse ziehen zumeist im Schwarm durch das Aquarium, weshalb hier etwa 20 bis 25 Tiere sinnvoll sind. Auch bei größeren Arten sollten es schon 6 bis 10 Tiere sein.

Anders sieht es jedoch bei den wenigen, zumeist sehr großen sattelschnäuzigen Corydoras-Arten aus, die im Alter revierbildend sind und nur in der Jugend im Verband leben. Diese Einzelgänger sollte man im Erwachsenenstadium am besten in nicht zu großer Anzahl in einem Aquarium halten.

Die in einem Aquarium gemeinsam gehalten Panzerwelse müssen übrigens nicht alle einer Art angehören. In der Natur bilden ja verschiedene Arten häufig ebenfalls große Verbände. Auch mit den Jahren übrig gebliebene einzelne Exemplare finden in der Regel leicht Anschluss an andere Corydoras.

Sichelfleck-Zwergpanzerwelse (*Corydoras hastatus*) fühlen sich nur im Schwarm wohl.

77

Ansprüche an das Wasser

Unter den Panzerwelsen gibt es nur sehr wenige Arten, die man als hochspezialisierte Schwarzwasserfische bezeichnen könnte. Meines Erachtens ist der Punktlinien-Zwergpanzerwels (*Corydoras gracilis*) eine solche Art, die man unbedingt in weichem und saurem Wasser pflegen sollte. Auch die beliebten Orangefleckpanzerwelse (*Corydoras adolfoi* und *C. duplicareus*) sind eigentlich Schwarzwasserfische, nur kommen sie problemlos auch mit härterem Leitungswasser zurecht und legen darin häufig sogar noch Eier ab (die sich dann allerdings schlecht entwickeln!).

Die weitaus meisten *Corydoras* sind jedoch Klar- oder Weißwasserfische und deshalb noch weniger anspruchsvoll bezüglich der Wasserwerte. Auf die Beschaffenheit des Wassers muss man bei der Pflege von Panzerwelsen also nur in den seltensten Fällen achten und kann ohne Bedenken Leitungswasser verwenden.

Probleme kann es meines Erachtens viel mehr geben, wenn man in einem Gebiet mit sehr weichem Leitungswasser wohnt. Durch die geringe Karbonathärte ist ein solches Wasser nur schwach gepuffert und der pH-Wert des Aquarienwassers kann dann nach einer Weile plötzlich sehr stark absinken. Dies dürfte für viele Panzerwelse, die so niedrige pH-Werte nicht gewohnt sind, gefährlich sein.

Foto: SXC

Die richtige Temperatur

Bedingt durch ihre starke Anpassungsfähigkeit haben es die Panzerwelse geschafft, sich in Südamerika in tropischen und subtropischen Gefilden zu verbreiten. Sie bewohnen heute Gegenden mit ganzjährig etwa gleich bleibenden hohen Temperaturen, aber auch solche mit deutlichem Temperaturabfall in den Wintermonaten. Dem entsprechend lassen sich für die Wassertemperatur natürlich auch keine einheitlichen Empfehlungen geben.

Erstaunlich ist jedoch, dass die Temperaturempfehlungen für viele Panzerwelsarten in der Literatur extrem stark variieren. Vielfach werden selbst von erfolgreichen Züchtern für einige Arten sogar für die Vermehrung Wassertemperaturen empfohlen, die die Tiere so in der Natur niemals vorfinden. Dies zeigt die hochgradige Anpassungsfähigkeit vieler *Corydoras*.

Ich selbst habe recht gute Erfahrungen damit gemacht, die Tiere lieber ein paar Grad kühler zu pflegen, als sie in der Natur vorkommen. Dies ist der Vitalität der Tiere durchaus zuträglich und spart auch noch Geld in der Stromkostenabrechnung.

In einem Temperaturbereich von 23 bis 27 °C lassen sich die meisten *Corydoras*-Arten sehr gut pflegen. Die genauen Ansprüche der jeweiligen Arten finden Sie hier bei den Artbeschreibungen.

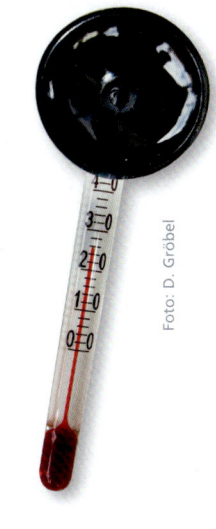

Foto: D. Gröbel

Pfefferpanzerwelse (*Corydoras diphyes*) sollten auf Dauer nicht zu warm gepflegt werden.

Obwohl Panzer-
welse (hier der
Juli-Panzerwels)
keine Vegetarier
sind, verschmähen
sie auch Pflanzen-
kost nicht.

Die Leibspeise der
Panzerwelse sind
lebende Tubifex-
würmer.

Was fressen Panzerwelse?

Heute werden Panzerwelse von Aquarianern vielfach um ihrer selbst willen gepflegt und nicht mehr wie früher als „Staubsauger" und Reste-vertilger betrachtet. Natürlich haben aber *Corydoras* auch die nützliche Ei-genschaft, noch unermüdlich nach den letzten Futterresten zu suchen und diese auch noch aus irgendwel-chen Ritzen herauszuholen, an die andere Fische nicht gelangen. Prob-lemlos wird meist jegliches Trocken-futter akzeptiert, das jedoch erst nach dem Absinken von ihnen ge-fressen werden kann. Deshalb sind

Futtertabletten deutlich besser ge-eignet, deren feine sich lösende Par-tikel von den Fischen eifrig eingeso-gen werden.

Panzerwelse nehmen ihr Futter be-vorzugt auf oder aus dem Boden auf. Sie sind förmlich in ihrem Element, wenn sie mit der Schnauze in den Boden eintauchen können, um dar-in verborgene Tubifexwürmer – ihre absolute Leibspeise – zu erbeuten. Generell haben sie eine große Vorlie-be für Wurmfutter, auch Enchyträen oder Grindalwürmer werden ausge-sprochen gerne gefressen. Aber auch Mückenlarven, Salinenkrebse (sowie deren Nauplien), Wasserflöhe und Hüpferlinge (*Cyclops*) werden lebend oder gefrostet gerne angenommen.

Krankheiten

Glücklicherweise sind Panzerwelse robuste und langlebige Pfleglinge, die nicht zu besonderen Krankheiten neigen. Auch scheinen sie kaum anfällig gegenüber der am häufigsten in einem Aquarium auftretenden Zierfischerkrankung zu sein, der Weißpünktchenkrankheit (*Ichthyophthirius multifiliis*). Diese durch ein Wimpertierchen hervorgerufene Krankheit äußert sich, für den Aquarianer deutlich zu sehen, durch das Auftreten feiner weißer Pünktchen auf den Fischen. Panzerwelse zeigen solche Pünktchen nur sehr selten.

Aus ihren tropischen Herkunftsgebieten bringen die *Corydoras* nicht selten verschiedene Krankheitserreger als blinde Passagiere mit, die jedoch im Regelfall durch den Großhändler oder danach beim Zoofachhändler medikamentös behandelt werden. Im eigenen Interesse sollte man jedoch noch vor dem Erwerb unbedingt darauf achten, dass sich die Tiere normal verhalten.

Natürlich ist die Quarantäne neu erworbener Tiere in einem gesonderten Aquarium die sicherste Methode, um Krankheiten von seinem Bestand fernzuhalten. Nur leider ist diese Methode für die meisten Aquarianer nicht praktikabel. Umso wichtiger ist es deshalb, dass man neue Fische nur bei einem Händler seines Vertrauens erwirbt und sich diese vorher auch genau ansieht.

Panzerwelse, die sich nicht wohl fühlen oder erkrankt sind, kann man an einigen charakteristischen Merkmalen erkennen. Üblicherweise sondern sie sich vom Schwarm ab und wirken farblos. Und sie stellen häu-

Von oben:
Corydoras pulcher mit einer Karpfenlaus an der Rückenflosse.

Corydoras mit Bakteriose und bereits tief liegenden Augen.

fig die Rückenflosse nicht wie gewöhnlich ab, haben eine sehr schlanke oder gar eingefallene Bauchpartie und zeigen im schlimmsten Fall sogar sehr tief in der Augenhöhle liegende Augen. Eingeschmolzene Flossen oder farblich ungewöhnlich intensive Rötungen weisen darüber hinaus auf einen bakteriellen Befall hin. Wenn sich die Fische ständig an Gegenständen scheuern, so liegt wahrscheinlich ein Befall mit Haut- oder Kiemenwürmern vor.

Nicht gefeit ist man, vor allem beim Erwerb von Wildfängen, vor Parasiten im Körperinneren, wie Band- und Madenwürmern. Dies äußert sich vielfach erst nach einiger Zeit dadurch, dass das Tier trotz guter Fütterung immer mehr abmagert. Es würde den Rahmen dieser Fibel sprengen, ausführlich auf das Thema Krankheiten einzugehen oder Behandlungsmöglichkeiten aufzuzeigen. Im Anhang finden Sie jedoch noch weitergehende Literatur zu diesem Thema.

Zuweilen kann man Panzerwelse beobachten, denen die Barteln teilweise oder ganz fehlen. Dies wird dann zumeist auf zu scharfkantigen Bodengrund geschoben, hat aber häufig andere Ursachen. Ich habe dies vor allem in Aquarien beobachten können, in denen offensichtlich Fäulnisprozesse im Boden stattfanden und bewerte dies deshalb als eine Form der bakteriellen Fäule, wie sie auch die Flossen betreffen kann.

Dieser Leopardpanzerwels hat seine Barteln verloren, vermutlich durch bakterielle Fäule.

Wie alt können Panzerwelse werden?

Bei guter Pflege können *Corydoras* im Aquarium durchaus ein Alter von 15 bis 25 Jahren erreichen. Vor Kurzem berichtete mir mein Freund Hans-Georg Evers, dass in einem seiner Aquarien ein Schwarzrückenpanzerwels (*Corydoras metae*) sage und schreibe 28 Jahre alt wurde, bevor er schließlich als Letzter der Gruppe verstarb.

Einem solchen „Methusalix" sieht man sein Alter mit der Zeit natürlich an. Greise Panzerwelse machen mitunter einen recht unförmigen Eindruck und sind nicht mehr so flink beim Futter wie die jüngeren Mitinsassen im Aquarium. Aber im Gegensatz zur Natur haben sie im Aquarium aufgrund des guten Futterangebots und der fehlenden Feinde eine gute Chance, solche Altersrekorde zu erreichen. Zwergpanzerwelse wie *Corydoras hastatus* werden häufig nur wenige Jahre alt.

Der Schwarzrückenpanzerwels (*Corydoras metae*) kann nachweislich mehr als 25 Jahre alt werden.

Nachzucht im Aquarium

Die Nachzucht von Panzerwelsen im Aquarium ist keine Zauberei, und nicht selten laichen Arten wie der Metallpanzerwels oder der Pandapanzerwels sogar im Gesellschaftsaquarium ab. Eine gezielte Vermehrung ist jedoch zumeist nur in einem gesonderten Aquarium möglich. Mit etwas Übung lassen sich die Geschlechter recht einfach unterscheiden und so eine geeignete Zuchtgruppe zusammenstellen. Es macht jedoch nur Sinn, gut konditionierte Tiere zur Zucht anzusetzen. Das Ablaichen erfolgt an einem Substrat, das man den Tieren auch gezielt anbieten kann, um die Suche nach Eiern später zu erleichtern. Die Eier und Jungfische sollten separat erbrütet bzw. aufgezogen werden.

Orangeflossen-panzerwelse – hier ein Weibchen mit Eiern – sind relativ einfach zur Nachzucht zu bringen.

Unterscheidung der Geschlechter

Eine eindeutige Bestimmung des Geschlechts ist bei vielen *Corydoras*-Arten erst im Alter möglich. Halbwüchsig sind die charakteristischen Merkmale zumeist noch nicht ausgebildet. Wenige *Corydoras*-Arten zeigen sogar farbliche Unterschiede zwischen den Geschlechtern. So sind beispielsweise beim Schraffierten Panzerwels (*Corydoras elegans*) und seinen Verwandten die Männchen sehr viel attraktiver gefärbt. Die Weibchen zeigen im Gegensatz zu den Männchen bei diesen Welsen zumeist eine transparente Rückenflosse. Der Pantanal-Panzerwels (*Corydoras pantanalensis*) weist nur zur Laichzeit im männlichen Geschlecht ein auffälliges Netzmuster auf und ähnelt ansonsten den Weibchen.

Besonders die Form der Rückenflosse und der Bauchflossen ist bei einigen Arten in den Geschlechtern unterschiedlich. Die Männchen haben zumeist spitzer zulaufende Bauchflossen, wohingegen die Bauchflossen der Weibchen runder sind. Aber auch dieses Merkmal ist bei einigen Arten zur Laichzeit stärker ausgeprägt. Arten wie der Bänderpanzerwels (*Corydoras schwartzi*) zeigen im männlichen Geschlecht eine höhere Rückenflosse. Weibchen sind aber auch vielfach etwas größer und fülliger, was eine Unterscheidung allein schon am Körperbau möglich macht.

Bei einigen Panzerwelsen (hier: *Corydoras* sp. aff. *schwartzi*) bilden die Männchen stark verlängerte Rückenflossen aus.

Das Zuchtaquarium

Als Zuchtaquarium reicht für die meisten *Corydoras*-Arten ein Aquarium der Größe 60 x 30 x 30 cm vollkommen aus. Jegliche Einrichtung, die wir in dieses Aquarium einbringen, erschwert später die Suche und Entdeckung von Eiern. Es ist also im Interesse des Züchters, hier zurückhaltend zu sein. Man sollte zumindest eine dünne Sandschicht ins Zuchtaquarium einbringen, damit die Tiere ihr natürliches Verhalten zeigen können. Professionelle Züchtereien in Südostasien züchten jedoch auf blankem Glasboden. Ein Minimum an Einrichtung könnte beispielsweise eine halbierte Kokosnussschale zum Verstecken sowie eine einzeln beschwerte *Anubias*-Pflanze und ein Laichmopp zum Ablegen der Eier sein.

Drei Zuchtaquarien für Panzerwelse des Autors.

Auswahl der Zuchttiere

In älterer Literatur über Panzerwelse findet man immer wieder die Empfehlung, dass man für Zuchtversuche einen Überschuss an Männchen haben sollte. Und so stellen auch heute noch selbst alte Hasen unter den Panzerwelszüchtern ihre Zuchtgruppen mit etwa doppelt so vielen Männchen wie Weibchen zusammen. Dabei gibt es dafür keine logische Begründung. Dass ein einzelnes Männchen angeblich nicht in der Lage wäre, eine große Anzahl von Eiern zu befruchten, ist Unsinn. Wenn Eier mal schlecht befruchtet sind, so liegt es sicherlich daran, dass die Eier vielleicht bereits überlagert waren, die Wasserwerte nicht optimal waren oder einer der Partner durch schlechte Konditionierung oder ein hohes Alter nicht oder nur bedingt fortpflanzungsfähig war.

Deshalb ist meines Erachtens ein ausgeglichenes Geschlechterverhältnis für Zuchtversuche wesentlich erfolgversprechender. Wie groß man allerdings die Gruppe wählt, bleibt dem Aquarianer selbst überlassen. Ich selbst habe auch schon gute Erfolge bei paarweisem Ansatz von Panzerwelsen gehabt, was manchmal ja auch nicht zu vermeiden ist, wenn man nur wenige Tiere einer Art hat.

Ein Zuchtansatz macht natürlich nur mit gesunden und nicht zu alten Fischen Sinn. Bei den Weibchen sollte man auf Vollständigkeit der Barteln und Bauchflossen achten, da diese bei der Fortpflanzung eine große Rolle spielen.

Selbst der paarweise Zuchtansatz (hier: ein Pärchen von *Corydoras eques*) ist bei vielen Arten problemlos möglich.

87

Konditionierung und Stimulation

Der richtigen Konditionierung der Zuchttiere kommt bei vielen Arten für die Fortpflanzung eine entscheidende Bedeutung zu. Unter einer guten Konditionierung sollte man jedoch nicht verstehen, die Tiere ganzjährig mit kräftigem Futter zu mästen, so dass die Weibchen fett sind und ständig einen starken Laichansatz zeigen. In der Natur machen die Tiere Phasen durch, in denen das Futter knapp ist und während der sie von ihren Reserven zehren müssen. Dies scheint bei einigen Arten besonders wichtig zur Ausreifung der Geschlechtsprodukte zu sein. Vor allem die häufig gehandelten Panzerwelse aus den großen Weißwasserflüssen (z. B. der Bänderpanzerwels, *Corydoras schwartzi*, oder der Schwarzflossenpanzerwels, *Corydoras leucomelas*) sind ohne die Simulation einer futterarmen Trockenzeit, bei der der Wasserstand abgesenkt, der Filter nicht mehr gereinigt, der Wasserwechsel für eine gewisse Zeit ausgesetzt und die Futtergabe auf ein absolutes Mindestmaß beschränkt werden sollte – kaum im Aquarium zu vermehren.

Viele Arten vermehren sich jedoch auch ohne eine solche Prozedur willig. Um bei den Tieren dann jedoch einen optimalen Laichansatz zu erzielen, ist eine kräftige Fütterung mit Wurmfutter (z.B. *Tubifex*, Enchyträen, Grindal) optimal. Auch ein Granulatfutter mit einem hohen Anteil an Eiweiß und Fett, das keinesfalls ganzjährig gefüttert werden sollte, ist dann eine gute Option.

Um die Tiere zum Laichen zu stimulieren, gibt es kein besseres Mittel als großzügige Wasserwechsel. Selbst 75-prozentige Wasserwechsel schaden dabei den Fischen nicht, sondern erzielen vielmehr einen größeren Effekt. Harte Nüsse unter den Panzerwelsen lassen sich vielfach durch mehrere Wasserwechsel im Abstand von ein bis zwei Tagen knacken. Auch ein Absenken der elektrischen Leitfähigkeit oder des pH-Wertes, eine Absenkung oder Erhöhung der Wassertemperatur oder die zusätzliche Belüftung oder der Einsatz einer Strömungspumpe kann zum Erfolg führen und die Tiere beginnen mit dem Ablaichen.

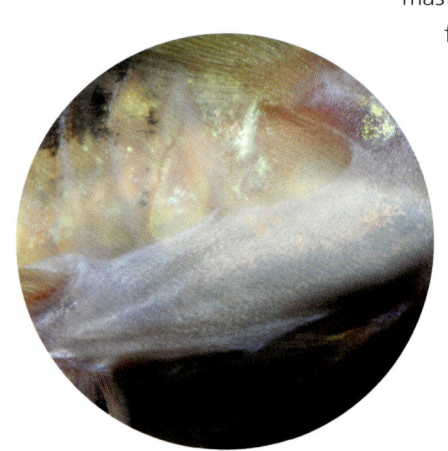

Bei genauerer Betrachtung sind die Eier durch die Bauchdecke zu erkennen.

Laichsubstrate

Panzerwelse suchen sich im Aquarium ihr Laichsubstrat selbst aus und laichen notfalls sogar an der blanken Aquarienscheibe ab. Je mehr Einrichtungsgegenstände man jedoch im Aquarium hat, desto schwieriger und aufwendiger gestaltet sich manchmal die Suche nach den Laichkörnern. So haben beispielsweise meine sattelschnäuzigen Panzerwelse ihre recht kleinen Eier bevorzugt einzeln oder paarweise in kleinen Algenpolstern abgelegt, wo sie kaum zu finden waren. Vielfach entgeht dem Pfleger dann sogar, dass die Tiere abgelaicht haben.

Man kann den Panzerwelsen jedoch gezielt attraktive Laichsubstrate anbieten, die viele auch bevorzugen. Damit spart man sich dann häufig die Suche nach den Eiern und kann diese Laichhilfen einfach in ein anderes Gefäß überführen. Ein hervorragendes Laichsubstrat ist beispielsweise eine einzelne *Anubias*-Pflanze, bei der die Tiere gerne an den Blättern oder Wurzeln ablaichen. Professionelle Züchter verwenden Laichmopps – in die Ecke des Aquariums gehängte Kunststoffrohre – oder Plastikstreifen, die von einigen *Corydoras* gerne angenommen werden.

Ein Laichmopp ist ein gerne angenommenes Laichsubstrat.

Behandlung der Eier

Die Eier (hier sind es welche von C122) werden an Pflanzen oder anderen Substraten angeheftet.

Belässt man die Eier im Zuchtaquarium, so schaffen es häufig sogar einzelne Jungfische, sich zu entwickeln. Bei den meisten Arten ist das jedoch nicht erfolgreich. Folglich empfiehlt es sich sehr, die Eier einige Stunden nach der Eiablage, wenn sie vollständig ausgehärtet sind, aus dem Aquarium zu entfernen. Natürlich gibt es auch Profis, die nach der Eiablage einfach die Elterntiere aus dem Aquarium entfernen und ins nächste Zuchtaquarium überführen. Ich gehe jedoch davon aus, dass die meisten Leser nicht so viele Aquarien zur Verfügung haben.

Ich selbst suche nach der Eiablage alle Eier aus dem Aquarium ab und entferne die an Scheiben oder Pflanzen anheftenden Eier entweder mit einer Rasierklinge oder mit den Fingern. Sind die Eier ausgehärtet und auch noch nicht so weit entwickelt,

dass der Schlupf unmittelbar bevorsteht, verletzt man sie dabei in der Regel nicht. Eingehängte Laichsubstrate holt man einfach komplett aus dem Aquarium heraus, ohne die Eier abzulösen.

Die Eier überführe ich dann in eine flache Schale mit gleichwertigem Frischwasser und stelle sie direkt auf die Abdeckscheibe des Aquariums, so dass das Wasser nahezu die gleiche Temperatur hat. Nicht befruchtete oder sich nicht entwickelnde Eier entferne ich durch Ansaugen mit einer Pipette oder einem Stück Luftschlauch. Um die Keimzahl in diesem Gefäß gering zu halten und ein Verpilzen der Eier zu verhindern, gebe ich Huminstoffe (z.B. Erlenzäpfchen, Torfextrakt) ins Wasser. Wer mag, kann auch ein chemisches Pilzbekämpfungsmittel aus dem Zoofachhandel benützen. Eine leichte Belüftung des Wassers ist von Vorteil, aber nicht unbedingt nötig. Einmal am Tag wechsele ich das Wasser, säubere die Schale und suche die abgestorbenen Eier ab. Daraus schlüpfen dann in der Regel nach drei bis fünf Tagen die durchsichtigen Larven, die noch eine Weile einen Dottersack tragen.

In einer flachen Schale mit Zusatz von Huminstoffen lassen sich die Eier gut zum Schlupf bringen.

Aufzucht der Jungfische

Bis zum Aufzehren des Dottervorrates benötigen die *Corydoras*-Larven noch kein Futter und können im Gefäß verbleiben. Zumeist ist der Dottersack nach etwa zwei Tagen verschwunden. Gibt man den jungen *Corydoras* erstes Futter, so empfiehlt es sich, sie in eine gefilterte Umgebung zu überführen.

Man kann dafür ein separates kleines Aufzuchtaquarium mit einer dünnen und feinen Sandschicht auf dem Boden aufstellen, das man über einen kleinen Schaumstofffilter reinigt. Dies erfordert jedoch sehr häufige Wasserwechsel und ist recht pflegeaufwendig. Viele Panzerwelszüchter schwören deshalb für die ersten Tage im Leben eines *Corydoras* auf kleine Einhängebecken, die ständig mit Frischwasser aus einem deutlich größeren und gut gefilterten Aquarium versorgt werden. Natürlich müssen diese Becken so konzipiert sein, dass die häufig winzigen Jungfische nicht daraus entkommen können und gefressen werden. Solch ein Becken kann sich jeder handwerklich begabte Aquarianer auch selbst bauen. Sein Vorteil ist, dass ein solches Becken auch jeder, der nur ein einzelnes Gesellschaftsaquarium besitzt,

nutzen kann, um die Jungfische soweit aufzuziehen, dass sie nicht mehr von den anderen Aquarieninsassen als Futter angesehen werden.

Bei der Aufzucht sollte man darauf achten, dass nicht gefressene Futterreste und Kot regelmäßig abgesaugt werden. Auf einem blanken Glas- oder Plastikboden bildet sich häufig nach kurzer Zeit eine schleimige Schicht, auf die viele junge *Corydoras* empfindlich reagieren. Die Folge sind dann häufig die sogenannten Pinselschwänze. Durch tägliche Reini-

Frisch geschlüpfte *Corydoras* besitzen noch einen großen Dottersack.

Etwa zwei Wochen alter Pandapanzerwels (*Corydoras panda*).

Einige Wochen später ist der Jungfisch bereits als Pandapanzerwels zu erkennen.

Diese Orange-
flossenpanzer-
welse (*Corydoras
sterbai*) sind be-
reits groß genug,
um abgegeben zu
werden.

gung mit einem Schwamm, das Einbringen einiger Schnecken zur Reinigung oder einer flachen Sandschicht
kann man die Bildung dieser Schicht
verhindern. Sehr vorteilhaft hat sich
das Einbringen einiger Blätter (z.B. Eiche oder Seemandelbaum) ins Auf-
zuchtgefäß erwiesen, diese werden
auch gerne als Versteck benutzt.

Wenn *Corydoras* das erste Futter zu sich nehmen, können sie eine
recht unterschiedliche Größe haben.
Die meisten Arten können sofort
frisch geschlüpfte *Artemia*-Nauplien
zu sich zu nehmen. Diese Larven der
Salinenkrebse lassen sich als Eier im
Handel kaufen und in Salzwasser er-
brüten. Für die meisten Aquarianer
ist dieses aber viel zu aufwendig.
Füttert man den feinen Staub von
Futtertabletten, so kommen in der
Regel auch einige Jungfische durch,

andere bleiben jedoch auf der Stre-
cke und das Wachstum ist unregel-
mäßig. Man kann natürlich auch Mi-
krowürmer oder Bananenwürmer
als Erstfutter kultivieren, aber diese sind aufgrund der zumeist vor-
handenen Geruchsbelästigung auch
nicht jedermanns Sache. Ich habe
deshalb in der jüngsten Vergangenheit verschiedene Futteralternativen
ausprobiert und habe mit Gelfutter gute Erfahrungen gemacht. Verschiedene namhafte Futtermittelher-
steller bieten in kleinen Tüten, die
auch geöffnet einige Tage im Kühl-
schrank haltbar sind, Gelfutter an,
das beispielsweise aus Salinenkreb-
sen hergestellt wird. Wenn man dieses Futter zwischen den Fingern fein
zerdrückt und zerreibt, so können
es selbst kleinste Jungfische aufneh-
men. Das Wachstum ist bei dieser

Art der Fütterung recht gleichmäßig und Verluste quasi nicht vorhanden.

Da dieses Futter auch kleinste *Corydoras* sehr gut fressen können, erspart man sich die Fütterung von Infusorien oder anderem Kleinstfutter, das ansonsten nötig wäre. Einige Züchter behelfen sich bei sehr kleinen Jungfischen auch dadurch, dass sie einen verschlammten Filterschwamm im Aufzuchtaquarium ausdrücken. Im Filterschlamm leben unzählige Kleinstlebewesen, die ein geeignetes Erstfutter abgeben.

Wenn die Hürde des ersten Futters genommen ist und die Jungfische problemlos größeres Futter annehmen, kann auf gefrostete *Cyclops*, Rotatorien, Grindalwürmer und Futtertabletten umgestiegen werden.

Literaturempfehlungen

Andrews, C., A. Exell & N. Carrington (2005): Fischkrankheiten: Vorbeugen - erkennen - behandeln. Verlag Eugen Ulmer, Stuttgart.

Alexandrou, M. A., C. Oliveira, M. Maillard, R. A. R. McGill, J. Newton, S. Creer & M. I. Taylor (2011): Competition and phylogenydetermine community structure in Müllerianco-mimic. Nature, 469: 84–88.

Alexandrou, M. A. & M. I. Taylor (2011): Evolution, Ecology and Taxonomy of the Corydoradinae Revisited. In: Fuller, I. A. M. & H.-G. Evers (Eds.): Identifying Corydinae Catfish, Suppl. I. Ian Fuller Enterprises, Kidderminster, 104-117.

Britto, M. R. (2003): Phylogeny of the subfamily Corydoradinae Hoedeman,1952 (Siluriformes: Callichthyidae), with a definition of its genera. Proc. Acad.Nat. Sci. Philadelphia, 153: 119-154.

Evers, H.-G. (1994): Panzerwelse: Aspidoras, Brochis, *Corydoras*. Verlag Eugen Ulmer, Stuttgart.

Fuller, I. A. M. & H.-G. Evers (2005): Identifying Corydoradinae Catfishes. Ian Fuller Enterprises, Kidderminster.

Fuller, I. A. M. & H.-G. Evers (2011): Identifying Corydinae Catfish, Supplement I. Ian Fuller Enterprises, Kidderminster.

Nijssen, H. (1970): Revision of the Surinam catfishes of the genus *Corydoras* Lacépède, 1803 (Pisces, Siluriformes, Callichthyidae). Beaufortia, 18(230): 1-75.

Nijssen, H. & I. J. H. Isbrücker (1980): A review of the genus *Corydoras* Lacépède, 1803 (Pisces, Siluriformes, Callichthyidae). Bijdragen tot de Dierkunde, 50(1), 190-220.

Schiller, E. (2013): Panzerwelse. ÖVVÖ, Wien.

Seidel, I. (2012): Neue Erkenntnisse über die Verwandtschaftsverhältnisse bei Panzerwelsen. Aquaristik Fachmagazin, 44(223): 4-18.

Seuß, W. (1992): *Corydoras,* die beliebtesten Panzerwelse Südamerikas. Dähne Verlag, Ettlingen.

Untergasser, D. (2005): Krankheiten der Aquarienfische: Diagnose und Behandlung. Mit Krankheiten der Gartenteichfische. Kosmos Verlag, Stuttgart.

Peter Bärwald
Kampffisch-Fibel
Die Vielfalt der Farben und Formen

Friedrich Bitter
Moos-Fibel
Dekoratives Grün im Aquarium

Michael J. Schönefeld
Diskus-Fibel

Bernd Kaufmann
Algen-Fibel Aquarium
Kein Problem mit Süßwasseralgen

Oliver Knott
Aquascaping Fibel
Modernes Aquariendesign leicht gemacht

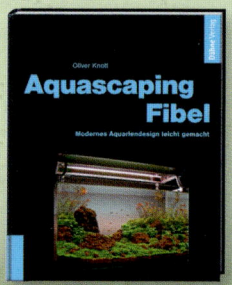

Wolfgang Staeck
Schnecken-buntbarsch-Fibel

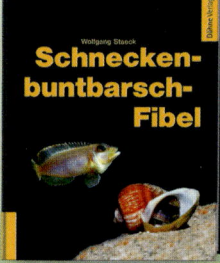

Ingo Seidel
Hypancistrus Fibel
Die schönsten L-Welse im Aquarium

Andreas Spreinat
Malawisee-Fibel
Farbenprächtige Buntbarsche fürs Aquarium

Bertram Wallach
Pflanzen-Fibel
Die schönsten Pflanzen fürs Aquarium

Friedrich Bitter
Schnecken-Fibel
Attraktive und nützliche Tiere im Süßwasseraquarium

Ingo Seidel
Corydoras-Fibel
Die beliebtesten Panzerwelse im Aquarium

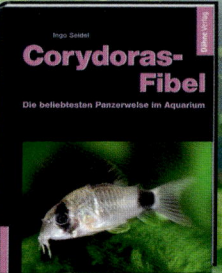

Hans Horstheinke und Michael Taxacher
Grundel-Fibel
Haltung und Zucht von Grundeln im Süß- und Brackwasser

Martin Hallmann
Landschildkröten-Fibel
Die bekanntesten mediterranen Arten

Timm Adam
Käfer-Fibel
Pflegeleichte Arten und ihre Vermehrung

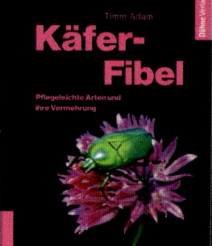

Oliver Drewes
Terrarien-Fibel
FÜR KIDS & TEENS

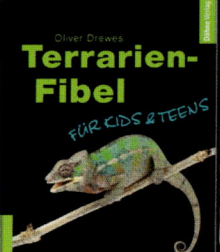

Bernd Kaufmann
Algen-Fibel Gartenteich
Kein Problem mit Süßwasseralgen

VIELFALT

Uwe Werner
Buntbarsch-Fibel
Kleine Juwelen aus Südamerika

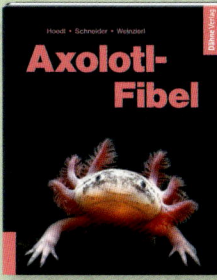

Hoedl · Schneider · Weinzierl
Axolotl-Fibel

Alexandra Behrendt
Aquarien-Fibel FÜR KIDS

Carsten und Hans Lügemann
Garnelen-Fibel
Süßwassergarnelen für Anfänger und Fortgeschrittene

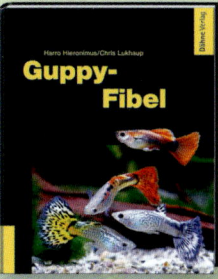

Harro Hieronimus/Chris Lukhaup
Guppy-Fibel

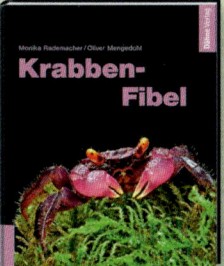

Monika Rademacher / Oliver Mengedoht
Krabben-Fibel

Harro Hieronimus
Aquarientechnik-Fibel
Wie funktioniert's und was ist notwendig?

Burkard Kahl und Uwe Leimdecker
Aquarienfoto-Fibel
Fotopraxis und Bildbearbeitung

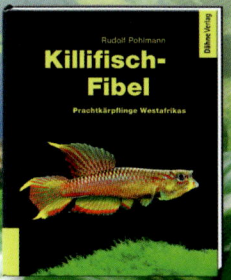

Rudolf Pohlmann
Killifisch-Fibel
Prachtkärpflinge Westafrikas

Sandra Phne und Mark Flatt
Riffaquarien-Fibel
Praxisbeispiele für Einsteiger
20 bis 60 Liter

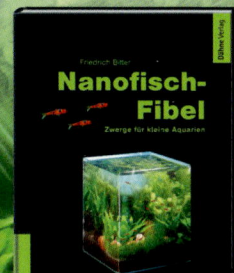

Friedrich Bitter
Nanofisch-Fibel
Zwerge für kleine Aquarien

Harro Hieronimus
Wasser-Fibel
Aquarium & Teich
Messen – Bewerten – Optimieren

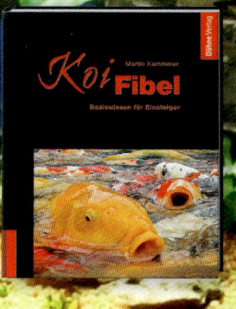

Martin Kammerer
Koi Fibel
Basiswissen für Einsteiger

Ingeborg Potsachek
Teichpflanzen-Fibel
Die schönsten Pflanzen für den Gartenteich

Sandra Lechleiter
Koi-Fibel Gesundheit

Dähne Verlag

Einfach per E-Mail
oder online bestellen

service@daehne.de
www.daehne.de/fibeln

www.daehne.de

Band 1: Südamerika

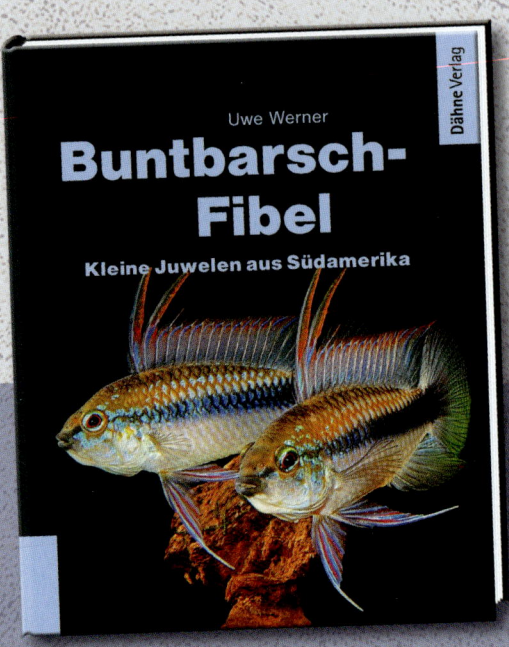

96 Seiten, 160 Farbfotos, geb.,
ISBN 978-3-944821-40-5

Diese handliche und schön bebilderte Fibel ist die perfekte Grundlage für einen erfolgreichen Start und lang anhaltende Freude mit kleinen südamerikanischen Buntbarschen.

Dähne Verlag

Tel. +49/7243/575-143
service@daehne.de
www.daehne.de

www.daehne.de/buntbarsch-fibel-suedamerika